DERBYSTAR

WAS SOLL DIE GANZE SPIELEREI?

Albern spielen und den Ernst des Lebens vergessen fühlt sich verdammt gut an. Leider haben viele von uns vergessen, wie wunderbar Lustigsein ist. Doch zum Glück haben wir Hunde!

SPIELEN IST EIN WUNDERDING. Wir haben Spaß, lernen uns besser kennen, lieben und entwickeln immer mehr Kreativität. Welche „Nebenwirkungen" Spielen auch immer haben kann, am allerwichtigsten ist der Spaß, den wir zusammen erleben. Spaß erzeugt freudige Gefühle und diese sind auf immer mit uns verbunden. Das stärkt die Bindung!

FÖRDERN UND FORDERN. Aber immer nur lustig spielen würde Hunden nicht reichen. Sie kommen zu uns, um etwas mit uns zu erleben, zu lernen und für uns wichtig zu sein. Deshalb sollten wir im Spiel hin und wieder gemeinsam über uns hinauswachsen. Spätestens hier aber kommt eine leichte Dosis Stress zum Spiel hinzu – und das ist gut so! Leider hat Stress ein schlechtes Image. Dabei sollten wir unterscheiden zwischen Stress, der zu groß ist, Lebewesen überfordert, in Alarmbereitschaft versetzt und dadurch krank macht, und leicht dosiertem Stress. Denn leicht dosierter Stress in Form von Lernen und Grenzenüberwinden kann Bindung und Lernen beschleunigen, wie in der Entwicklungspsychologie immer wieder gezeigt werden kann. Das bedeutet im Klartext: Streicheleinheiten, Leckerlis und Kuschelstunden sind schön, aber reichen nicht aus, um uns für unsere Hunde oder menschlichen Bindungspartner attraktiv zu machen und uns eng aneinander zu binden. „Eine harte Nuss zu knacken, ist (...) eine ewige Erinnerung, die Partner aneinander bindet", hat der Evolutionsbiologe Roger Abrantes von der Universität Cambridge einmal gesagt. Deshalb finden Sie in diesem Buch einige Spiele, die albern und unnütz sind und deshalb Spaß machen, aber auch viele, die Spaß machen und unseren Hund gleichzeitig fordern. Dadurch haben wir sofort eine erhöhte Aufmerksamkeitshaltung uns gegenüber, werden interessant und trainieren Basisfähigkeiten, die das Leben mit Hund noch schöner machen. Also wählen Sie sich die Spiele aus, die Sie und Ihren Hund immer weiter voranbringen, und haben Sie bitte, bitte vor allen Dingen eines dabei: gemeinsam viel Spaß!

Herzlichst,

Kate Kitchenham

GOLDENE SPIELREGELN FÜR DIESES BUCH

❶ **SPIEL FÜR SPIEL.** Probieren Sie nicht alle Spiele auf einmal aus, sondern spielen Sie sich langsam durch die Kapitel. So fühlt sich der Hund nicht überfordert, sondern es kann neben viel Spaß am Spiel mit Ihnen auch ein Lerneffekt auftreten, der das Leben unseres Begleiters ungemein bereichert: Wir erweitern seinen Horizont Schritt für Schritt, seine Fähigkeiten werden zunehmend verbessert, und das macht ihn selbstbewusst und offen für neue Herausforderungen.

❷ **EHRGEIZ ZÜGELN.** Bitte bombardieren Sie Ihren Hund ab jetzt nicht täglich mit neuen Herausforderungen – das könnte ihn überfordern oder eine ungemein hohe Erwartungshaltung und Aktivität in Ihrem Hund erzeugen, denen Sie wahrscheinlich nicht lange gerecht werden können. Spielen Sie nur hin und wieder und wiederholen Sie alte, bekannte Spiele häufiger, anstatt immer Neues auszuprobieren.

❸ **NACH LUST & LAUNE.** Ganz wichtig ist bei jeder Beschäftigung mit dem Hund: Zwingen Sie sich und den Hund niemals zu einer Spieleinheit, nur weil sie es sich vielleicht für diesen Tag vorgenommen haben. Spielen soll Freude machen und nicht in Stress ausarten. Deshalb gehen Sie bitte ganz oft einfach nur spazieren und genießen Sie gemeinsam das schöne Leben. Und hin und wieder streuen Sie nette Spielchen ein, die Ihnen Freude bereiten.

DAS ZERRSEIL –

DENN SEILZIEHEN IST DAS GRÖSSTE!

VIEL ZERRSPASS!

In diesem Kapitel haben Hunde nicht nur viel Spaß, sondern lernen nebenbei wichtige Fertigkeiten: Sie überwinden ihre Angst an unheimlichen Orten, weil sie das geliebte Spielzeug suchen, sie lernen abzugeben, weil es danach weitergeht, oder sie warten gern im „Bleib", weil wir uns gerade ein neues lustiges Versteck für das „Zerrding" überlegen.

UMSTRITTEN. Doch bevor wir mit all diesen lustigen Angelegenheiten starten, muss einmal gesagt werden: Unter Hundetrainern und -besitzern haben Zerrspiele oft einen schlechten Ruf. Wie schade, denn das „Streiten" um einen tollen Gegenstand ist das beliebteste Spiel unter Hunden! Guckt man beim Züchter in die Welpenkiste oder auf die Hundewiese, dann wird schnell klar: Um die Wette laufen, rangeln, spielen und auch kuscheln wird häufig durch einen Gegenstand ausgelöst, um den ein spielerischer „Kampf" entbrannt ist. Man zerrt gemeinsam an einer stinkenden Socke, einem im Dickicht gefundenen modrigen Stock oder an einem anderen geliebten Spielzeug.

IM WECHSELSPIEL. Die tatsächliche Wertigkeit des begehrten Gegenstands ist dabei egal. Entscheidend bei diesem lustigen Spiel ist, dass alle es unbedingt haben wollen, man zusammen zieht, zerrt, knurrt, sich nah ist, mal nachgibt und abgibt, mal gefährlich wirkt, gewinnt und dann stolz mit der Trophäe im Maul von den anderen gejagt wird. Wir lernen im Zerrspiel also viele Emotionen kennen: Wie schön es ist zu gewinnen – wie wir unser Gegenüber zum Weiterspielen animieren, indem wir ihm die Möglichkeit in Aussicht stellen, das Seil zu ergattern – und dass es auch großen Spaß macht, die Rollen zu wechseln und den Dieb zu jagen …

NICHTS FÜR SPIELVERDERBER. Doch warum haben so viele Menschen Hemmungen, mit Hunden Zerrspiele zu spielen? Weil viele Menschen die Spielregeln nicht so gut kennen wie Hunde und weil sie oft Probleme haben, sich in die Persönlichkeit ihres Hundegegenübers hineinzuversetzen. Wenn wir einen Hund gut kennen, dann ist als entscheidende Spielregel eigentlich nur wichtig zu wissen: Es ist kein Ernst, sondern nur Spiel. Mal gewinnt der eine, mal der andere. Wer sich zu sehr in den Besitz hineinsteigert und dadurch unkontrolliert und wütend wird, mit dem wird nicht weitergespielt. So einfach ist das unter Hunden und führt dazu, dass Spielverderber keinen Spielpartner mehr finden – oder aber ihre Strategie ändern. Denn wer nett bleibt und das gute Stück immer hergeben kann, für den öffnen sich durch Zerrspiele Türen für viele fröhliche und lehrreiche neue Spaßmomente!

EINFACH SPIELEN!

Sie suchen nach einem Spiel, das Ihr Hund liebt? Dann kaufen Sie sich bitte schnell ein Zerrseil und spielen: Auf die Plätze, fertig, los!

❶ **SPIELREGELN VERINNERLICHEN.** Die Regeln sind einfach, denn es geht darum, dass BEIDE Spaß haben. Das bedeutet, dass beide gewinnen dürfen. Also nicht nur wir und nicht nur der Hund. Rollenwechsel – also mal Gewinner, mal Verlierer sein – ist ein Kriterium für echtes Spiel und sorgt für große Freude auf beiden Seiten. Dann ist es wichtig, dass sich niemand zu sehr in den Zerrseilbesitz hineinsteigert. „Blöd sein" sorgt für sofortigen Spielabbruch, der Hund muss das Seil „ausgeben" (siehe Seite 10). Geben Sie ihm dann eine neue Chance und spielen sie in einem ruhigeren Modus, der ihn nicht so sehr in Rage bringt, weiter. Das Schöne an diesem simplen Spiel: Der Hund lernt zuerst, dass es Spaß macht, sich mit uns zu beschäftigen. Im zweiten Schritt ist es sein eigenes Bedürfnis, dass das Spiel weitergeht. Deshalb macht er jeden Quatsch mit, wenn wir das Spiel spannend gestalten. Auf diese Weise kann er ganz nebenbei und spielerisch wichtige Lektionen kennenlernen. Zum Beispiel „Aus" (S. 10) und „Bleib"(S. 11).

❷ **ZUM ZERREN ANIMIEREN.** Laufen Sie mit dem Seil in der Hand auf Hundenasenhöhe davon und animieren Sie Ihren Hund, das Zerrseil zu verfolgen. Hat er es gegriffen, dann zerren sie hin und her – nicht zu wild, immer kontrolliert.

❸ **„KAMPF" VERLIEREN.** Hin und wieder lassen Sie das Seil „aus Versehen" los und Ihren Hund gewinnen. Hunde wie Menschen müssen hin und wieder gewinnen dürfen. Sie erinnern sich? Gewinnen fühlt sich gut an! Dafür sorgen Endorphine, die in diesem Moment durch unsere Blutbahn kreisen. Dieses Siegergefühl sollte jeder von uns hin und wieder genießen dürfen – auch unser Hund.

❹ **HUND JAGEN.** Wir jagen den Hund und bekommen ihn nicht zu fassen. Verlierer sein sorgt nicht dafür, dass wir kein Chef sind, den man nicht ernst nehmen kann. Im Gegenteil: Gute Chefs haben kein Problem damit, auch mal zu verlieren, weil sie sich ihrer Position sicher sind.

❺ **GEWINNEN.** Auch wir gewinnen immer mal wieder. Auch wir sind unberechenbar flink, schlagen den schnelleren Haken und hängen oder verstecken das Zerrseil dann an einen Ort, den man nur mit Überlegung erreicht und es dadurch raffiniert zurückerobert. Ein schwieriges Problem selbst zu lösen, stärkt wiederum das Selbstwertgefühl und sorgt für sichere, kluge Hunde an unserer Seite.

❻ **HUND LOBEN!** Wenn wir im Spiel hin und wieder mit „Fein!", „Toll!" oder „Gut!" loben, verknüpft unser Hund die Wörter mit positiven Gefühlen. Später wird er im Alltag ganz ohne Leckerli verstehen, wann er etwas gut und toll gemacht hat.

SCHULT: Begeisterung für alles, was wir tun.
VERBESSERT: Bindung und Vertrauen.
SORGT FÜR: Spaß an der Interaktion mit uns, weil wir toll sind und für viel Spaß sorgen.

1

2

3 + 4

5

DAS „AUS“-SPIEL

Jetzt lernt der Welpe oder Tierschutzhund, etwas für ihn Tolles abzugeben. Berechtigterweise könnte man nun sagen: Das ist doch Stress und kein Spiel!

❶ SPIEL VERSTEHEN. Stress und Spiel sind kein Gegensatz, sondern gehören zusammen. Das haben Wissenschaftler in einer Studie festgestellt: Bei Lernversuchen wurde deutlich, dass leichter, positiver Stress den Lernprozess verstärkt. Also: Wir dürfen gern im Spiel etwas lernen, ohne dass der Spaß verloren geht.

❷ ZERRSPIEL SPIELEN. Wir spielen das Zerrspiel (siehe Seite 8) und sagen plötzlich: „Aus!“ Unser Hundekind beziehungsweise Tierschutzhund kennt die Bedeutung dieses Wortes natürlich noch nicht. Deshalb greifen wir dem Welpen/Jungtier vorsichtig in die Lefzen, drücken sie sanft auseinander und wiederholen dabei deutlich das Wort „Aus“. Beim Tierschutzhund, dem wir noch nicht vertraut sind, hören wir einfach auf zu spielen, werden langweilig und sagen jedes Mal, wenn er oder sie uns fragend ansieht, gelangweilt und geduldig: „Aus!“

❸ LOBEN UND WEITERSPIELEN. Gibt der Welpe oder Tierschutzhund das gute Stück heraus, wird SOFORT und leidenschaftlich gelobt und das geliebte Seil schnell ein Stück weggeworfen, der brave Hund zum Holen geschickt und mit ansteckender Freude weitergespielt.

❹ „AUS“ FESTIGEN. Wenn wir dieses Spiel immer mal wieder spielen, lernt unser schlauer Freund, dass „Aus“ nicht schlimm ist, sondern die Fortsetzung eines schönen Spiels bedeutet.

SCHULT: Impulskontrolle.
VERBESSERT: Kooperationsbereitschaft.
SORGT FÜR: Spaß an der Übung und „Wow-Effekt“, weil alles, was wir machen, spannend ist.

2

4

DAS „SITZ-UND-BLEIB"-SPIEL

Auch „Sitz und Bleib" kann ein lustiges Spiel statt strenger Übung sein, deshalb sollten wir es unbedingt zum Spaß und zu Trainingszwecken spielen.

❶ HINSETZEN LERNEN. Wir halten mitten im Spiel das Zerrspielzeug hoch über die Hundenase und sagen in dem Moment „Sitz", wenn sich der Hund bedingt durch die Gewichtsverlagerung ohnehin setzt.

❷ BLEIBEN LERNEN. Sofort geben wir ein positives Feedback mit der Stimme („Fein", „Gut"), um dann mit der freien, ausgestreckten flachen Hand eine ruhige, aber eindeutige Bleib-Ansage zu erteilen. Dann steigern wir die Anforderung langsam:

a. Beim ersten Mal warten wir nur kurz und bleiben vor dem Hund hocken – und spielen dann mit dem Signalwort „Lauf" weiter. So verknüpft er die Wörter mit der Handlung.

b. Klappt das gut, stehen wir aus der Hocke auf und setzen uns wieder hin – und spielen weiter.

c. Sitzt das sicher, entfernen wir uns rückwärts nur einen Schritt und kommen gleich zurück – und spielen!

1

❸ WEITER WEGGEHEN. Distanz und Dauer können wir langsam steigern. Wenn das gut klappt, können wir ihn rufen statt zu ihm zurückzugehen. Richtig lustig wird es, wenn Sie den Rückruf mit einem Zerrspeil kombinieren, denn so macht Spannung aushalten Spaß!

3

SCHULT: Konzentrations- und Durchhaltevermögen.

VERBESSERT: Sitz-und-Bleib-Gehorsam.

SORGT FÜR: Sicherheit im Alltag und Spaß am Gehorchen.

DAS „PLATZ"-SPIEL

Kennt Ihr Hund das Signal „Platz" noch nicht? Kein Problem, dann wird jetzt das „Platz"-Spiel gespielt:

❶ **KRIECHEN.** Wir setzen uns mit aufgestellten Beinen auf den Boden und ziehen das Zerrspielzeug unter den Beinen durch. Während der Hund unter die Beine kriecht, legt er sich hin. Wir spielen ruhig in dieser Position weiter und sagen beiläufig hin und wieder „Platz" oder „Fein, Platz".

❷ **LIEGEN.** Funktioniert das Spiel mit angewinkelten Beinen gut, verändern wir die Position. Nun wird das Seil langsam über den Boden gezogen, es gibt keinen Beintunnel mehr. Geben Sie Ihr Hörzeichen. Ergänzend können Sie bei einer vertrauensvollen Beziehung zum Hund mit beiden Händen kurz die Position halten, während Sie freundlich das Signal „Platz" wiederholen.

❸ **HANDZEICHEN.** Hat der Hund den Sinn des Wortes verstanden, können wir anfangen, das Handzeichen für „Bleib" einzuführen: die zum Boden weisende ausgestreckte Hand.

❹ **BLEIB.** Sobald der Hund den Sinn des Wortes begriffen hat, können wir wie beim „Sitz & Bleib" – das „Bleib" in die Platz-Übung einbauen – und dann den Hund mit viel Tamtam abrufen.

SCHULT: „Platz"-Verständnis.
VERBESSERT: Freude an einer oft ungeliebten Übung.
SORGT FÜR: Verbesserung des Grundgehorsams.

1

2

DAS „NEIN"-SPIEL

Verbote sind ja eigentlich doof, aber hier gehört das ungeliebte Wort zum Teil des Spiels und wird dadurch toll!

❶ **VERBIETEN.** Wir legen das Zerrspielzeug direkt vor die Pfoten und sagen deutlich: „Nein." Am Anfang lassen wir die Hand dabei über dem Spielzeug, um es schnell wegnehmen zu können, falls der Hund es trotz der Ansage greifen möchte. Hält er es am Anfang nur kurz aus, wird er gleich durch ein lustiges Zerrspiel für seine Selbstdisziplin belohnt.

❷ **ENTFERNEN.** Langsam können wir die Hand immer weiter wegnehmen, später können wir sogar stehen bleiben, während er das Spielzeug nicht nehmen darf. Um das aushalten zu können, hilft besonders Zappelphilippen eine klare Ansage mit „Sitz & Bleib".

❸ **ERLAUBEN.** Sobald das „Nein" sicher akzeptiert wird, wird das Spiel immer aufregender: Wir entfernen uns zunehmend, gehen sogar aus dem Blickfeld, kommen zurück – dann darf sich der Hund das Zerrseil als Belohnung holen („Hol's dir!") und wird damit durchs Haus oder im Garten gejagt! Seien Sie albern und genießen Sie den Spaß.

❹ **SCHWIERIGKEIT STEIGERN.** Die Übung lässt sich um verführerische Details erweitern: Der leckere Knochen darf nicht aufgenommen werden, die Wurst auch nicht – bis wir es erlauben. So lernt der Hund, sich zu kontrollieren, zu warten – weil die Disziplin immer und in jedem Fall belohnt wird. Das blöde „Nein" verliert so seinen Schrecken und wird trotzdem ernst genommen.

SCHULT: „Nein" immer zu akzeptieren.
VERBESSERT: Selbstkontrolle.
SORGT FÜR: Sicherheit im Alltag und Spaß am Gehorchen.

SACHENSUCHER IM HAUS

Hunden, die Sitzen und Warten gelernt haben, eröffnen sich neue Spielwelten: Wir können zum Beispiel das Spielzeug im Haus verstecken und er muss es suchen.

❶ **SPIELREGELN VERSTEHEN.** Auch hier ist es wichtig, dass wir unter dem geistigen Niveau des Hundes beginnen, um ihm zu zeigen, was er machen soll: Der Hund soll sitzen und bleiben (siehe Seite 11). Wir entfernen uns mit dem Spielzeug und verstecken es vor seinen Augen, zum Beispiel unter einem Kissen, und lassen das Ende des Seils auffällig hervorgucken. Dann gehen wir zurück und schicken den Hund mit „Such!“ zum Seil.

❷ **NIVEAU STEIGERN.** Wir gehen mit dem Spielzeug außer Sicht, verstecken es hinter dem Sofa auf dem Boden oder im Bücherregal auf Nasenhöhe. Dann gehen wir zurück: Jetzt ist eine Kombination aus Geruchssinn und Erfindungsgeist gefragt.

❸ **ABITUR-AUFGABEN.** Geübte Hunde sitzen vor der geschlossenen Zimmertür, das Seil wird also außerhalb seines Sichtfeldes im anderen Zimmer versteckt. Dann öffnen wir die Tür und schicken ihn zum Suchen. Sehr geduldige Kandidaten verbringen bis zu 10 Minuten mit konzentrierter Suche – je nachdem, wie schwierig wir das Spielzeug versteckt haben. Das tolle Gefühl, ein schwieriges Problem gelöst zu haben, gibt es gratis zum Spiel mit uns dazu!

SCHULT: Der Hund versteht, was „Such!“ bedeutet.

VERBESSERT: Problemlösefähigkeit des Hundes, Sitz & Bleib.

SORGT FÜR: Erfolgserlebnisse, die das Selbstbewusstsein steigern.

SACHENSUCHER DRAUSSEN

Sitzen die Spielregeln sicher und der Hund hat Spaß am Suchen, können wir das Sachensucherspiel vor die Haustür verlagern.

❶ REIZÜBERFLUTUNG VERMEIDEN. Wichtig ist, dass wir die Reize der Außenwelt im Blick behalten: Je mehr Eindrücke auf unseren Hund einprasseln, desto schwerer fällt es ihm, sich lange zu konzentrieren. Deshalb wählen wir am Anfang wieder ein leichtes Versteck und steigern langsam den Anspruch und die Ablenkungen.

❷ LEICHT STARTEN. Wir verstecken das Seil zum Beispiel zuerst gut sichtbar hinter einem Baum im Park oder üben im Garten, während die Kinder in der Schule sind. Später können wir gezielt Verstecke im Umfeld von „Störungsherden“ wie einer Baustelle oder in der Nähe spielender Kinder wählen, die seine Konzentration herausfordern.

❸ SPURENSUCHE. Am Ende können wir durchs Unterholz streifen, sodass Naseneinsatz gefragt ist und der Hund unsere Spur aufnehmen muss, um das Spielzeug zu finden. Am Anfang wird er sich wieder über leichte Wege und Verstecke freuen, später braucht er mehr Herausforderung und wir können Haken schlagen oder das Zerrseil in Astgabeln hängen.

SCHULT: Konzentrationsvermögen auch unter Ablenkung.

VERBESSERT: Ausdauer bei der Suche, Problemlösefähigkeit, Sitz & Bleib.

SORGT FÜR: Erfolgserlebnisse, die das Selbstbewusstsein steigern. Konzentration auf uns auch unter Ablenkung.

1

2

3

4

VERSTECKEN SPIELEN!

Wenn wir die vorigen Suchspiele gespielt haben, hat der Hund verstanden, was er machen soll: warten und dann etwas finden. Und dieses „Etwas" sind jetzt: wir!

❶ ABSETZEN UND VERSTECKEN. Wir setzen den Hund ab und er muss warten, während wir uns ein Versteck suchen. Am Anfang darf er noch sehen, wo wir verschwunden sind. Er wird deshalb kaum die Nase zum Boden senken, sondern direkt zu uns laufen. Egal – er hat das Wesentliche verstanden und kennt jetzt die Spielregeln. Wie bei allen neuen Spielen steigern wir den Schwierigkeitsgrad langsam. Wichtig sind die Erfolgserlebnisse, auch wenn sie den Trainingsstand des Hundes eher unterfordern. So lernt er, was er machen soll.

❷ RUFEN ODER PFEIFEN. Wir verschwinden aus seinem Sichtfeld. Dann suchen wir einen passenden Platz – zum Beispiel hinter einem dichten Busch oder einem dicken Baumstamm – und pfeifen beziehungsweise rufen den Hund. Jetzt heißt es abwarten.

❸ KONZENTRIERTE SUCHE. Anfangs ist es noch recht leicht: Er hat gesehen, wo wir verschwunden sind, und kommt wahrscheinlich in Sekundenschnelle angeflitzt. Je größer die Distanz und je schwieriger das Versteck, umso mehr muss sich der Hund anstrengen. Nun heißt es die Nase einsetzen und sich konzentrieren.

❹ GEFUNDEN! Sobald er uns gefunden hat, wird mit dem mitgebrachten Spielzeug gespielt. Die Suche ist anstrengend und erfordert je nach Strecke vom Hund viel Konzentrationsvermögen. Deshalb ist allein das Wiederfinden „seines" Menschen die schönste Belohnung nach der Anspannung des Wartens im Wald und der langen Suche. Das ausgelassene, fröhliche Spielen setzt dem schönen Moment noch das Sahnehäubchen auf.

SCHWIERIGKEITSGRAD STEIGERN. Nach ein paar erfolgreichen Suchen kann die Distanz langsam erhöht und der Ablenkungsreiz gesteigert werden: Jetzt weichen wir von ausgetretenen Pfaden ab und gehen quer durchs knackende Dickicht, schlagen Haken, klettern auf Bäume oder kauern uns gut verborgen hinter Brombeerhecken. Erst dann – nach mehreren Minuten – wird gerufen oder gepfiffen. Machen Sie es ihm aber nicht zu schwer, damit er Sie auch finden kann, und wechseln Sie auch später zwischen leichter und schwerer ab.

EIN TIPP Falls Sie den Hund von Ihrem Versteck aus beim Spurenverfolgen beobachten können, achten Sie einmal auf den Start der Suche: Hunde sind nicht doof! Am Anfang verlassen sie sich auf das, was sie sehen konnten: Sie kürzen meist den Weg ab, bis zu der Stelle, an der wir verschwunden sind. Erst dann nehmen sie den Kopf herunter und setzen die Nase ein.

SCHULT: Impulskontrolle, auch beim Alleinsein und bei merkwürdigen Geräuschen im Unterholz.

VERBESSERT: Konzentrationsvermögen, Spurensuche.

SORGT FÜR: „Wow-Effekt", der sich nur auf unsere Person fokussiert, weil wir gesucht und gefunden werden müssen.

MEMORY SPIELEN!

Hunde haben ein „deklaratives Gedächtnis"! Das bedeutet, dass sie sich gut an Situationen und Handlungen über längere Zeiträume erinnern können.

❶ ERINNERUNGSVERMÖGEN TRAINIEREN. Setzen Sie den Hund ab und legen Sie ein Spielzeug abseits des Weges hinter einen Baum, danach gehen Sie weiter, ohne dass er das Spielzeug holen darf. Nach ein paar Metern Entfernung schicken Sie ihn zurück, um das Zerrseil zu holen, dann spielen Sie mit ihm.

❷ GASSI GEHEN. Nach ein paar Wiederholungen verlängern Sie die Dauer, bis er zurückgeschickt wird. Sie verstecken das Zerrseil und gehen dann eine kleine Runde. Auf dem Rückweg wird der Hund an dieser Stelle auf die Suche geschickt, bis er sein Zerrseil gefunden hat.

❸ EINFALLSREICHTUM ENTFALTEN. Jetzt können wir die Verstecke kreativer wählen. Wir legen das Zerrspielzeug auf den Boden und bedecken es mit Erde oder Moos oder wir hängen es in eine Astgabel, die für den Hund erreichbar ist. Am Anfang darf der Hund noch zusehen. Gehen Sie die normale Runde und schicken Sie ihn mit einer Verzögerung von bis zu einer Stunde und vielen Ablenkungen später an dieser Stelle zum Suchen.

❹ VERSTECKDAUER MAXIMIEREN. Jetzt verlängern wir den zeitlichen Abstand zwischen Verstecken und Erinnern auf ein paar Stunden, einen halben Tag… Irgendwann lassen wir den Hund erst am nächsten Tag an dieser Stelle suchen. Ganz wichtig: Großartige Freude über den schlauen Hund und albernes Spielen bitte nie, nie, nie vergessen!

SCHULT: Erinnerungsvermögen, deklaratives Gedächtnis.

VERBESSERT: Problemlösefähigkeit.

SORGT FÜR: „Wow"-Effekt, Kooperation zwischen Mensch und Hund.

1

2

4

MUTPROBE

Besonders ängstlichen Hunden kann spielerisches Lernen dabei helfen, ihre Furcht zu überwinden und ihr Selbstbewusstsein zu steigern.

❶ SELBSTBEWUSSTSEIN AUFBAUEN. Gut zu wissen: Wer sich spielerisch Fähigkeiten erwirbt, fühlt sich nicht nur für den Moment des Erfolgs gut, sondern der kann auch immer mehr. Und „etwas können" macht selbstbewusst. Außerdem können geliebte Spielzeuge ungewohnten oder unheimlichen Orten ihren Schrecken nehmen – indem man sie genau dort suchen und finden soll.

❷ ZUHAUSE MUTIG SEIN. Wir starten wieder mit einer kleinen Herausforderung und lassen das Spielzeug vor den Augen des Angsthasen in einer umgekippten Papptüte oder einem Karton voll zerknülltem Zeitungspapier verschwinden. Genau dort muss es herausgefischt werden. Am Anfang können wir gern helfen und damit die Scheu überwinden helfen, später sucht der Hund ganz allein und findet das gute Stück!

❸ DRAUSSEN MUTIG SEIN. Während der Hund warten soll, verstecken wir sein Lieblingsspielzeug in einer Schubkarre, hinter dem „gefährlichen" Müllcontainer, am Brunnen auf dem Rathausplatz, am Bahnhof, in der Bushaltestelle, unter einer Brücke …

SCHULT: Gelassenheit in aufregenden Situationen.

VERBESSERT: Konzentration auf uns und Vertrauen in sich selbst.

SORGT FÜR: gewachsenes Selbstbewusstsein und mehr Alltagstauglichkeit.

3

DER BALL –

DIE NUMMER EINS AUF DER HUNDEHITLISTE

IM BALLFIEBER!

Alle Hunde lieben Bälle. Dieses Gefühl könnte einen zumindest beschleichen, wenn man ein paar Stunden auf einer Hundewiese irgendwo in Deutschland verbringt: Dort werden stundenlang Bälle geworfen, gebracht und wieder geworfen. Es scheint, als drehe sich die Existenz dieser Tiere nur um die runden Dinger.

SPIELZEUG MIT SUCHTPOTENZIAL Auch der Markt hat auf die Leidenschaft der Hunde reagiert: Es wurde ein beeindruckendes Sammelsurium an Wurfgeschossen für Hunde entwickelt, die Menschen dazu befähigen, den Ball immer weiter, höher und schneller zu schleudern. Die Gefahr der ganzen Rennerei und Fangerei: Werden Menschen zu Ballwurfmaschinen, dann reduziert sich bald die gesamte Existenzfreude des Hundes auf das kleine runde Ding. Bälle haben nämlich tatsächlich ein hohes Suchtpotenzial. Das hat zwei schlichte Gründe. Erstens: Sie springen, hopsen oder fliegen – also „fliehen" und bedienen dadurch die Jagdpassion, die in den meisten unserer Hunde noch immer schlummert. Zweitens: Viele Menschen haben wenige Ideen und reduzieren die Freizeitbeschäftigung für ihren Hund auf dieses „Spiel". Sie glauben, mit dem Werfen des Balls ihre Hunde glücklich zu machen. Tatsächlich kommt es beim Hetzen und Fangen der „Beute" (= Ball) zum Ausstoß von Dopamin. Das ist der gleiche Botenstoff, der Menschen bei mancherlei Drogenkonsum einen „Kick" versetzt, sich also sehr gut anfühlt, wenn es in Massen durch die Blutbahn kreist. Deshalb können Lebewesen nach Dopamin süchtig werden – auch Hunde. Dopamin sorgt zum Beispiel dafür, dass die Ballfänger vergrößerte Pupillen bekommen, wild hecheln und sich nicht mehr für andere Hunde, sondern nur noch für ihren Ball interessieren. Diese Hunde sind tatsächlich echte „Balljunkies"! Sie erkennen Ihren Hund in dieser Beschreibung wieder? Dann muss er „auf Entzug" und darf nie wieder Bälle jagen und fangen. Traurig, aber nötig, denn ansonsten wird er niemals von seiner Sucht loskommen.

BALLSPIELE MIT GRIPS Für alle anderen gilt: Es lohnt sich, den Ball in anderen Zusammenhängen zu sehen bzw. in unterschiedlichen Spielen kreativ einzusetzen. „Spiel" definieren Verhaltensbiologen als abwechslungsreich, unvorhersehbar und mit ständig wechselnden Rollenverhältnissen. In diesem Kapitel finden Sie deshalb Anregungen für viel bessere, lustige, vielseitige Ballspiele als den 08/15-Wurf- und-Bring-Mechanismus. Diese Spielideen setzen nicht nur viel nettere Glücks- und Wohlfühlsubstanzen wie Endorphin und Oxytocin in der Blutbahn frei, sondern können nebenbei auch Lerneffekte haben und unsere Bindung vertiefen. Denn der Hund findet dann nicht nur den Ball, sondern auch uns toll! Unsere Mission lautet also, dem Ball ein neues Image zu verpassen: als spannendes, lehrreiches Spielobjekt!

BALL WERFEN

Wir werfen den Ball, der Hund bringt ihn zurück. Dieses Spiel ist bedauernswerterweise das einzige, das viele Hunde in ihrem Leben kennenlernen.

1

2

BALLLIEBE Weil fast alle Hunde die Jagd nach dem Ball so lieben, können wir ihn genau deshalb hin und wieder werfen – sei es zur Belohnung für eine gut gelöste Aufgabe oder einfach so.

❶ **WERFEN.** Wir werfen den Ball, der Hund rennt hinterher und holt ihn.

❷ **FANGEN UND BRINGEN.** Der Hund wirft uns den Ball vor die Füße und wir werfen ihn erneut.

❸ **BEENDEN.** Packen Sie den Ball bald ein, sagen „Vorbei!“ und gehen los.

ACHTUNG! Es gibt Hunde, die bringen den Ball nicht zurück, sondern wollen nach dem Fangen gejagt werden. Bitte gehen Sie unbedingt darauf ein! Hier haben wir ein abwechslungsreiches Spiel, das uns in Aktion versetzt, dadurch zur Interaktion und genau deshalb zum echten Spiel wird. Dann sind wir der Spielpartner und nicht der Ball. Abgeben (also apportieren) können wir bei anderen Spielen ausreichend üben (siehe Seite 10 und 52)!

SCHULT: nichts.
VERBESSERT: nichts.
SORGT FÜR: Dopaminkick, der aber nicht mit uns, sondern mit dem Ball verknüpft wird. Es sei denn, der Hund gibt den Ball nicht ab und wir sollen ihn jagen – dann sind wir wiederum die Quelle seines Glücks.

FANGEN ÜBEN

Ein bisschen mehr Herausforderung für unseren Hund: Wir setzen ihn ab, werfen den Ball und er soll ihn in der Luft fangen.

❶ SITZEN BLEIBEN. Die ersten Male wird sich unser Hund vielleicht nicht so geschickt anstellen. Aber mit der Zeit wird er Freude an der neuen Herausforderung finden und den Ball immer zuverlässiger fangen. Besonders „Balljunkies“, die bislang keine anderen Spielideen kennengelernt haben, können durch diesen ersten Schritt auf weitere Spiele vorbereitet werden. Wir setzen den Hund an Ort und Stelle, sagen deutlich „Bleib“ und entfernen uns je nach Trainingsstand unterschiedlich weit weg.

❷ FANGEN LERNEN. Wir stellen uns vor den Hund, werfen den Ball in hohem Bogen auf ihn zu und rufen in dem Moment: „Hol’s dir!“ Der Hund muss jetzt die Flugbahn des Balls richtig einschätzen und entsprechend springen und fangen. Anschließend wird gespielt!

SCHULT: „Sitz & Bleib“-Übung
VERBESSERT: Berechnung der Flugbahn.
SORGT FÜR: mehr Selbstbewusstsein & Spaß!

DIE WELT ALS PARCOURS SEHEN

Es macht viel Sinn, Hunde immer wieder vor neue Herausforderungen zu stellen: Sie können an ihnen wachsen und werden dadurch mutiger.

❶ UNGEWÖHNLICHE DINGE ERLEBEN. Während der Hund abgesetzt warten und schauen soll, legen wir den Ball auf einen Heuballen oder einen Findling. Dann darf er loslaufen und ihn sich holen! Agilitytunnel oder Baustellenrohre verlieren ihren Schrecken, wenn der Ball durch sie hindurchkullert, Schubkarren können zum Hundegefährt werden, mit dem wir eine gemeinsame Runde durch den Garten drehen. Unter einer Bank kann man hindurchkriechen und über Baumstämme balancieren.

❷ MUT LOHNT SICH. Zur Belohnung für das „Mutigsein" wird der Ball geworfen und auf Zuruf darf der Hund hinterhersprinten und ihn fangen!

SCHULT: Bleiben/Mutigsein in ungewöhnlichen Situationen.

VERBESSERT: Vertrauen in uns und sich selbst.

SORGT FÜR: gelassene, ruhige Hunde in schaukelnden Linienbussen, in U-Bahnhöfen oder auf der Dampferfahrt.

1

2

2

WO GING DER BALL VERLOREN?

Der Hund soll genau beobachten, ab wann wir keinen Ball mehr in der Hand haben, und daraus schließen, wo das runde Ding versteckt sein könnte.

❶ BALL VERLIEREN. Hunde wissen genau, dass ein Gegenstand noch da ist, auch wenn er nicht mehr zu sehen ist. Forscher nennen dieses Wissen „Objektpermanenz", die Hunde mit kleinen Kindern ab ungefähr zwei Jahren teilen. Doch wie gut der Hund beobachtet, kann spielerisch geschult werden: Wir zeigen dem abgesetzten Hund den Ball. Jetzt entfernen wir uns und gehen hinter das Sofa beziehungsweise hinter den ersten Baum der Allee und kommen ohne Ball zurück.

❷ ZUM SUCHEN SCHICKEN. Nach dem Warten wird der Hund losgeschickt, um den Ball zu suchen. Zielstrebig läuft er zum Sofa beziehungsweise zum Baum, hinter dem wir kurz verschwunden sind, und kommt stolz wie Oskar mit dem Ball im Maul zurück. Zur Belohnung freuen wir uns und spielen mit dem Ball (werfen oder Hund jagen).

❸ MEHRERE VERSTECKE SIND MÖGLICH. Jetzt erhöhen wir den Schwierigkeitsgrad und suchen mehrere potenzielle Verstecke auf, die der Hund absuchen soll (zusätzlich zum Baum verschwinden wir hinter einem Busch und einem weiteren Baum und lassen irgendwo unauffällig den Ball liegen. Diese längere Suche erfordert mehr Ausdauer und erhöht die Konzentrationsfähigkeit des Hundes.

SCHULT: Beobachtungsvermögen.
VERBESSERT: Konzentrationsdauer.
SORGT FÜR: Interesse für uns, auch an aufregenden Orten.

UM DIE ECKE GEDACHT

Der Ball wird hinter einen Zaun gelegt, der an einer Stelle eine Öffnung hat. Der Hund muss lernen, einen Umweg zu laufen, um zum Ziel zu kommen.

❶ **SCHLUPFLOCH ZEIGEN.** Hunde wollen ohne Umwege ans Ziel gelangen. Ein Relikt aus Wolfszeiten, denn wenn man das Objekt der Begierde aus den Augen lässt, ist es meist schnell weg. Aber Problemlösefähigkeit lässt sich trainieren, indem wir den Hund ermuntern, auf dem Weg zum Ball neue Wege zu beschreiten. Zum Beispiel, indem wir ihm zuerst das Loch im Zaun zeigen.

❷ **BALL UNERREICHBAR MACHEN.** Beim ersten Mal gehen wir gemeinsam mit dem Hund nur einen bis zwei Meter vom Durchschlupf weg und legen dann den Ball hinter der Barriere ab. Der Hund kann dabei zusehen, wie wir den Ball hinter den Zaun legen. Jetzt schicken wir ihn los, um den Ball zu holen („Hol's dir"). Wahrscheinlich wird er erst Mal – wie die Mehrzahl der Hunde – am Zaun scharren und Blickkontakt suchen. Widerstehen Sie der Versuchung und motivieren Sie ihn höchstens durch Wiederholung der Ansage „Hol's dir" zur eigenen Lösungsfindung.

❸ **LÖSUNG SELBST FINDEN LASSEN.** Geben Sie ihm die Möglichkeit, selbst die Lösung zu finden. Hunde sind wie wir Menschen unterschiedlich gut darin, Aufgaben eigenständig zu lösen – je nachdem, was bisher von ihnen gefordert wurde. Gehen Sie am Anfang nur so weit vom Loch im Zaun weg, sodass er ein schnelles Erfolgserlebnis hat. Die selbstständige Problemlösung gibt ihm das Gefühl, ein toller, schlauer Hund zu sein. Das wird ihn ungemein motivieren, auch in Zukunft selbst nach Lösungen für neue Aufgaben zu suchen.

❹ **DISTANZ VERGRÖSSERN.** Nun verlängern Sie die Entfernung von Schlupfloch und Ball hinterm Zaun langsam. Irgendwann lassen Sie den Ball schon auf dem Hinweg an eine Stelle weit weg vom Durchschlupf hinter die Absperrung fallen und schicken Ihren Hund zum Ball.

❺ **NEUE ORTE WÄHLEN.** Verlagern Sie die Übung an andere Plätze, an denen eine ähnliche Problemlösung gefragt ist. Lassen Sie den Hund zum Beispiel an einer Mauer absetzen und werfen den Ball dahinter. Jetzt muss der Hund um die Mauer herumlaufen, um zum Ball zu gelangen.

EIN TIPP Haben Sie Geduld! Wir Menschen neigen dazu, unseren Hunden ständig das Denken abnehmen zu wollen und geben zu schnell Lösungstipps. Damit erziehen wir sie zur unselbstständigen Abhängigkeit. Kluges Mitdenken lässt sich durch solche Spielereien fantastisch fördern!

SCHULT: Aufmerksamkeit gegenüber der Umwelt.

VERBESSERT: Problemlösekompetenz des Hundes.

SORGT FÜR: pfiffige Hunde, die immer länger nach Lösungen für immer schwierigere Aufgaben suchen.

1

2

3

4

5

HÜTCHENSPIEL

Der Ball wird unter zwei Bechern versteckt – jetzt werden die Becher einmal umeinander geschoben. Der Hund muss beobachten, wo der Ball jetzt ist.

❶ **FINDEN LERNEN.** Der Hund lernt, dass sich der Ball unter einem der beiden Hütchen befindet und dort gefunden werden kann, indem er mit der Pfote dagegenstößt. Dazu lassen wir ihn absitzen und genau zuschauen, wie wir den Ball verstecken. Danach schicken wir ihn zum Holen und werfen den Ball zur Belohnung.

❷ **BEOBACHTEN LERNEN.** Wenn der Hund gelernt hat, das Geschehen genau zu beobachten, weiß er, unter welchem der beiden Hütchen der Ball versteckt wurde. Nun fangen wir an, die Hütchen langsam zu bewegen. Beim ersten Mal nur leicht, indem wir die Position geringfügig auf dem Boden verschieben. Wichtig: Schieben Sie beide Hütchen gleichzeitig! Da Hunde sich immer für das Objekt am meisten interessieren, das wir als letztes berührt haben (Forscher nennen dieses Phänomen den „Markiereffekt"), könnte ihn ein abwechselndes Schieben von der Lösung der Aufgabe ablenken.

❸ **ANFORDERUNG ERHÖHEN.** Nach mehreren Durchgängen lernt der Hund, sich immer besser auf das Verstecken und Schieben des richtigen Hütchens zu konzentrieren, und schafft bald einen ganzen Positionswechsel der Hütchen. Viel mehr können wir aber nicht von Hunden erwarten: Noch mehr Hütchen oder stärkere Positionswechsel werden selbst hochbegabte Hunde überfordern.

SCHULT: Beobachtungsgabe.
VERBESSERT: Konzentrationsvermögen.
SORGT FÜR: geduldige, konzentrierte Hunde.

1

2

3

ROLLE RUNDHERUM

Der Ball wird dem liegenden Hund vor die Nase gehalten, der Hund dreht sich mit – und lernt ganz nebenbei die „Rolle".

❶ AN DIE SEITE. Wir legen den Hund ab („Platz"/„Down") und halten ihm den Ball vor die Nase. Langsam führen wir den Ball über den Kopf und bringen ihn dadurch dazu, sich auf die Seite zu legen. Wer ein vertrauensvolles Verhältnis zu seinem Hund hat, kann sanft mit den Händen mithelfen. Gleichzeitig sagen wir „an die Seite".

❷ RUNDHERUM. Jetzt drehen wir weiter, bis der Hund sich einmal um die eigene Achse gedreht hat, und sagen in dem Moment „Rolle" oder „Rundherum". Sobald die Drehung vollbracht ist, geben wir ein Leckerchen oder werfen den Ball zur Belohnung.

❸ HANDZEICHEN. Mit der Zeit wird der Hund die Rolle auf Ansage immer schneller vorführen und wir brauchen den Ball nicht mehr vor die Nase zu halten, sondern können stehen bleiben. Wir untermalen die Ansage „Rolle" oder „Rundherum" mit einem Handzeichen, indem wir die Hände umeinander kreisen lassen.

❹ MEHRERE ROLLEN. Hat der Hund die Rolle verinnerlicht, kann die Belohnung hinausgezögert werden und der Hund muss sich mehrfach drehen, bis der Ball geworfen wird.

SCHULT: Begeisterung für Tricktraining.
VERBESSERT: Kunststücksangebot.
SORGT FÜR: tosenden Applaus auf Partys.

1

2

3

4

MITTEN IM GALOPP HINSETZEN

Aus dem gestreckten Lauf soll der Hund stoppen und sich setzen oder legen – entweder nachdem er den Ball geholt hat oder noch davor.

❶ SITZ AUF DISTANZ ÜBEN. Zuerst müssen wir das Absetzen oder Ablegen aus der Distanz trainieren. Dazu passen wir einen Moment ab, in dem unser Hund ein paar Meter entfernt steht und nicht besonders abgelenkt ist. Jetzt sagen wir überraschenderweise „Sitz" und heben gleichzeitig den rechten Arm. Wahrscheinlich wird unser braver Hund zu uns laufen; deshalb gehen wir ihm freundlich, aber mit aufgerichtetem Arm entgegen und wiederholen dabei das „Sitz". Damit machen wir ihm deutlich, dass er sich an Ort und Stelle hinsetzen und nicht zu uns kommen soll. Sobald er sich setzt, bleiben wir stehen und loben ihn mit ruhigen Worten aus der Distanz. Zeigen Sie jetzt mit der freien Hand unterstützend das „Bleib"-Zeichen und bewegen Sie sich langsam wieder rückwärts zu Ihrem Ausgangspunkt. Sobald Sie hier angekommen sind, warten Sie noch zwei Sekunden und rufen ihn dann mit viel Freude zu sich. Nach und nach versteht er auf diese Weise, dass er sich auf Entfernung setzen soll. Genauso üben wir das „Platz" aus der Distanz – nur mit dem Hörzeichen „Platz" und dem entsprechenden Sichtzeichen (flache Hand parallel zum Boden).

❷ BALL DAZUNEHMEN. Erst wenn der Hund das „Sitz" auf Distanz verinnerlicht hat, können wir anfangen, das Absetzen in ein Ballspiel zu integrieren, und zwar, wenn der Hund mit dem Ball im Maul zu uns flitzt. Das erste Mal wird der Hund verwirrt reagieren und vielleicht den Ball fallen lassen. Aber je häufiger man diese Passage einbaut, desto öfter wird er den Ball im Maul behalten.

❸ HUNDEPFEIFE. Wer parallel zum Sichtzeichen mit der Hundepfeife arbeitet, kann auch das Absetzen auf dem Weg zum Ball trainieren: Zuerst trillern wir mit der Pfeife, wenn der Hund auf dem Weg zu uns ist, und kombinieren diesen für ihn neuen Laut mit der Ansage und/oder dem Handzeichen für „Sitz". Sobald der Groschen gefallen ist und der Hund den Pfeifton mit dem Hinsetzen verbunden hat, kann das Sichtzeichen langsam weggelassen werden und wir trillern nur noch. Im nächsten Schritt kann der Hund auf dem Weg von uns weg durch den Triller gestoppt und abgesetzt werden. Bitte niemals vergessen: Riesig freuen, wenn die Übung klappt!

❹ IMPULSKONTROLLE VOM FEINSTEN. Trainieren wir häufig, sehr spielerisch und in verschiedenen Situationen, wird sich der Hund immer schneller, wie „automatisch", auf den Triller hinsetzen – zum Beispiel aus dem vollen Galopp neben uns am Rad oder eben beim Sprint hinter dem Ball her. Intensiv geschulte Trillerprofis setzen sich irgendwann selbst dann, wenn Wild im Dickicht auftaucht oder fliehende Hasen unseren Weg kreuzen!

SCHULT: Impulskontrolle, Multitasking und Beobachtungsgabe.

VERBESSERT: Kommunikation über Hand- und Pfeifzeichen.

SORGT FÜR: mehr Aufmerksamkeit gegenüber uns, auch aus der Bewegung und auf Distanz.

AUF DEM WEG FALLEN LASSEN

Noch eine Steigerung vom Spiel „Mitten im Galopp hinsetzen" (S. 31): Aus der Entfernung den Ball fallen lassen und ohne ihn zurückkommen.

❶ „AUS" AUF DISTANZ. Wer die vorige Übung ausgiebig trainiert hat, kann ungefähr nach einem halben Jahr anfangen, auf Distanz vom Hund zu verlangen, den Ball „Aus" zu geben. Bitte lassen Sie dem Hund genügend Zeit, das erste Spiel ausgiebig zu verinnerlichen, sonst fühlt er sich überfordert. Überforderung fühlt sich nicht gut an und bremst das Lernen aus. Deshalb besser Geduld haben und nur langsam mit dieser Spielerweiterung beginnen: Beim ersten Mal gehen wir nah an den aus dem Lauf mit Triller oder Handzeichen abgestoppten Hund heran und sagen nur ein paar Schritte von ihm entfernt: „Aus". Sobald er den Ball fallen gelassen hat, loben wir freundlich, gehen zu ihm hin und geben ihm ein Leckerli.

❷ ZURÜCKKOMMEN OHNE BALL. Jetzt gehen wir ein paar Schritte vom Hund weg und rufen ihn. Sobald er den Ball aufnehmen will, sagen wir „Nein" und „Aus". Kommt er ohne Ball, freuen wir uns und loben. Nimmt er ihn und bringt ihn, sagen wir „Aus", bringen den Ball auf die Ausgangsposition zurück und fordern erneut das Kommen ohne Ball ein.

❸ BELOHNEN FÜRS BRAVSEIN. Kommt der Hund ohne Ball, freuen wir uns, setzen ihn freudig ab – holen den Ball und werfen ihn zur Belohnung. Je öfter der Hund die Aufgabe richtig löst, desto größer ist die Wahrscheinlichkeit, dass er bald alles richtig macht. Hat er die neue Spielregel verstanden, kann er auch zum Holen des Balles geschickt werden.

SCHULT: Kommunikation auf Distanz.
VERBESSERT: Kooperation beim Spiel.
SORGT FÜR: Genaues Hinhören, auch in Aktion.

1

2

3

KUNSTSTÜCKKOMBINATION

Der Hund soll vor dem Holen oder danach durch unsere Arme, über unseren Rücken oder über unser Bein springen.

❶ **HOPP! ERKLÄREN.** Der Hund soll über unser ausgestrecktes Bein, den Arm oder den Rücken springen (siehe auch Spiel „Hopp!“, Seite 74). Dazu setzen wir den Hund ab und zeigen ihm den Ball in unserer Hand. Wir sagen deutlich „Bleib“, gehen ein Stück weg, hocken uns entlang eines Zauns auf den Boden und halten unser Bein dagegen. Jetzt rufen wir den Hund und während er angerannt kommt, halten wir den Ball auf Höhe des Beins. Kurz bevor der Hund angekommen ist, rufen wir „Hopp!“ und werfen den Ball.

❷ **HOPP! ETABLIEREN.** Den Sprung über das Bein wiederholen wir ab jetzt immer mal wieder. Nach und nach geben wir dabei – je nach Größe und Sprungkraft des Hundes – die Hockposition auf und stellen uns mit ausgestrecktem Bein hin. Weicht der Hund aus oder rennt unter dem Bein hindurch, wird er auf seinen Startpunkt zurückgebracht und erneut gerufen.

❸ **KOMBINATION.** Hat der Hund Freude am Springen, kann er auch auf dem Weg zurück zum Hüpfen ermuntert werden.

SCHULT: Multitasking.
VERBESSERT: körperliche Koordination.
SORGT FÜR: Der Flug übers Bein wird zum neuen Belohnungskick.

3

MIT DER NASE SCHUBSEN

Hier soll der Hund den Ball nicht tragen, sondern mit der Nase ins Tor schubsen. Gutes Training für angehende Maskottchen von Fußballvereinen!

❶ **SCHUBSEN ERKLÄREN.** Wir setzen den Hund ab, „verstecken“ ganz offensichtlich ein Leckerli unter dem Ball und bleiben dort hocken. Jetzt schicken wir den Hund mit einem bestimmten Signalwort – zum Beispiel „Push“ oder „Schubsen“ zum Ball – und loben ihn, sobald er ihn mit der Nase anstupst, um an das Leckerchen zu gelangen.

❷ **HANDFÜTTERUNG ETABLIEREN.** Nach mehreren Durchgängen an verschiedenen Tagen „schummeln“ wir und tun nur so, als würden wir wie gewohnt den Belohnungshappen unter den Ball legen, dabei behalten wir ihn in der Hand. Wir sagen „Push“, der Hund schubst – und wir belohnen sofort aus unserer Hand. Diese Art zu belohnen wechseln wir jetzt regelmäßig mit dem Versteck unterm Ball ab.

❸ **MEHRFACH SCHUBSEN.** Wir belohnen nur noch aus der Hand. Gleichzeitig fangen wir an, den Hund immer länger den Ball schubsen zu lassen, bevor wir belohnen.

❹ **HINSTELLEN.** Jetzt verändern wir unsere Position: Wir stellen uns neben den Hund und belohnen nur noch, wenn der Hund mehrfach den Ball geschubst hat.

❺ **TORJÄGER.** Jetzt muss das Runde ins Eckige, deshalb belohnen wir immer erst dann, wenn der Ball erfolgreich ins Tor geschubst wurde. Hierzu wird der Ball am Anfang in einer Distanz von wenigen Schritten vom Tor entfernt positioniert. Nach und nach liegt der Ball immer weiter vor dem Tor. Der Hund wird den Ball über längere Strecken schubsen und dadurch zum gefürchteten Torjäger werden! Wer noch taktische Finessen einbauen möchte: Wir laufen parallel mit und bringen dem Hund bei, uns den Ball zuzuspielen und schießen dann selbst ins Tor. Oder wir spielen den Doppelpass und überlassen es ihm, den Ball final einzunetzen.

EIN TIPP Anstelle von Leckerli können Sie nach und nach anfangen, den Hund auch spielerisch zu belohnen – zum Beispiel durch ein fröhliches Zerrspiel (siehe Seite 8). Warten Sie einfach, bis der Ball erfolgreich „im Tor versenkt wurde“ – und spielen sie dann ausgelassen mit dem Torjäger. Viele Hunde haben mehr Spaß an dieser Form der Belohnung; und es sieht auch netter aus, wenn ein Hund aus Spaß mitmacht, anstatt nach vollbrachter Leistung den nächsten Futterhappen zu erwarten.

SCHULT: Begeisterung fürs Tricktraining.
VERBESSERT: Teamwork.
SORGT FÜR: tosenden Applaus von Fußballfans.

1

2

3

4

DERBYSTAR
5

WETTRENNEN!

Klar sind Hunde schneller als wir, denn sie haben doppelt so viele Beine fürs Wettrennen. Trotzdem macht es Spaß, eine kleine Jagd zu wagen.

❶ **WERFEN UND WARTEN.** Der Ball wird geworfen, wir bleiben stehen und gucken hinterher. Sobald er gefallen ist, geben wir dem Hund das deutliche „Bleib"-Signal und gehen am Anfang nur im Schritttempo, später im leichten Trab los. Der Hund muss weiterhin warten.

❷ **RUFEN UND RENNEN.** Mit ein bisschen Vorsprung rufen wir den Hund und geben danach richtig Gas: Jetzt wird sich zeigen, wer als Erster am Ball ist!

❸ **SIEGEN UND VERLIEREN.** In 90 Prozent der Fälle wird der Hund gewinnen. Gönnen Sie ihm den Spaß – wir sitzen oft genug am längeren Hebel. Jagen Sie den fröhlichen Gewinner ein bisschen, dann verlieren Sie das Interesse. Wahrscheinlich wird Ihr Hund von allein zu Ihnen kommen und den Ball auffordernd vor die Füße werfen. Falls nicht, lassen Sie sich den Ball irgendwann durch das Signal „Aus" geben.

❹ **GAS GEBEN.** Kennt der Hund das Spiel, können Sie nach dem Werfen gleich Gas geben, um einen größeren Vorsprung herauszuarbeiten. Erst auf Zuruf darf hinterhergerannt werden.

❺ **VARIATION UNSICHTBARER BALL.** Werfen Sie den Ball über ein niedriges Dach oder einen kleinen Hügel, im Garten ins hohe Gras, über einen Busch oder hinter eine Anhöhe, sodass Sie die Landung des Balls nicht sehen können. Dann gemeinsam starten und gucken, wer den Ball zuerst findet. Hier haben wir Menschen endlich auch mal eine größere Chance, als Gewinner aus dem Wettrennen hervorzugehen: Durch unsere erhöhte Position haben wir einfach den besseren Überblick und können den Ball zuerst erspähen.

NOCH EINE SPIELVARIATION. Hat der Hund verstanden, dass der Ball hinter Hindernissen gefunden werden soll, können wir ihn allein suchen lassen. Das eigenständige Aufspüren sorgt für Erfolgserlebnisse, die besonders das Selbstbewusstsein von unsicheren Angsthasen befeuern kann.

SCHULT: Impulskontrolle.
VERBESSERT: „Bleib"-Übung.
SORGT FÜR: Begeisterung für uns, weil wir nicht immer gewinnen müssen und deshalb ein toller Chef sind.

BALL IN KISTE WERFEN

Der Hund bringt den Ball zurück und wirft ihn in eine Kiste. Später kann er sogar lernen, Zimmer aufzuräumen oder Müll zu sammeln.

❶ BALL BRINGEN. Als Erstes soll der Hund auf ein Signal („Pick up" oder „Apport" – siehe Dummyspiele Seite 52 und 66) den Ball aufnehmen und uns bringen. Sobald das klappt, wird er dafür mit einer Leckerei oder dem Ballwurf belohnt. Perfekt, wenn wir von Anfang an darauf achten, dass er das Spielzeug in unsere Hand fallen lässt. So haben wir es beim nächsten Schritt leichter.

❷ BALL IN DIE BOX. Hat der Hund das neue Signalwort verstanden, nehmen wir die Kiste dazu. Wir werfen, lassen bringen, halten die Hand über die Kiste und ziehen sie in dem Moment weg, in dem der Hund den Ball fallen lässt. Der Ball fällt in die Kiste – das erste Mal wird der Hund vielleicht durch das Geräusch erschrecken. Deshalb loben Sie sofort mit fröhlicher Stimme und mit Futter, damit er lernt, dass dieses Geräusch richtig und toll ist.

❸ HAND AUSSCHLEICHEN. Klappt das gut, schleichen Sie langsam Ihre Hand aus der Situation: Wenn der Hund den Gegenstand gegriffen und zu uns zurückgebracht hat, halten Sie die Hand nur noch über die Kiste, irgendwann zeigen Sie mit Zeigefinger in die Kiste und sagen: „Lass fallen" oder „Drop it". So lernt der Hund, dass der Ball in die Box gehört. Fällt der Ball neben die Kiste, muss der Hund ihn erneut ergreifen, bis er letztendlich erfolgreich versenkt wurde. Erst dann gibt es unter großer Freude die Belohnung. So lernt der Hund, sich zu konzentrieren und sauber zu arbeiten.

❹ VERSCHIEDENE MATERIALIEN. Sitzt das Ballbringen sicher, können wir die Übung variieren: Gewöhnen Sie Ihren Hund auf die gleiche Weise nach und nach an verschiedene Materialien. Geeignet sind zum Beispiel Bauklötze für das Aufräumspiel im Haus. Diese werden im Raum verteilt (am Anfang nur wenige, später immer mehr) und müssen zurück in die Box getragen werden. Müllsammler im Park können zuerst in den eigenen vier Wänden an das Greifen von Gemüseschalen, Chipsverpackungen, Joghurtbechern, Plastikflaschen und Coladosen gewöhnt werden. Hat er sich an die verschiedenen Materialien gewöhnt, kann die Übung in den Garten, später in den Park verlagert werden. Ganz wichtig: Verboten sind Dinge aus Glas, scharfkantige Dosen, Deckel oder kleine Plastikteile. Irgendwann müssen wir nicht mehr nach jedem gesammelten Stück belohnen, sondern können unser Wohnzimmer mit Bauklötzen oder den Garten mit Müll dekorieren, den Hund sammeln lassen und am Ende mit viel Tamtam eine angemessene Leckerei oder Spielerei als Lohn fürs Aufräumen präsentieren.

SCHULT: Spaß am Tricktraining.
VERBESSERT: Teamwork.
SORGT FÜR: Begeisterung von aufräummüden Kindern oder Passanten im Park.

1

1

2 + 3

4

SOCKENSUCHER

STRUMPFTRÄGER UND FÜSSLINGSFREUNDE

DUFTE FUSSWÄRMER

Socken können viel mehr, als nur Füße wärmen! Zum Beispiel eignen sie sich gut dazu, unsere Hunde glücklich zu machen. Das hört sich jetzt vielleicht komisch an, hat aber zwei schlichte Gründe: 1. Socken riechen nach uns und sind allein dadurch begehrte Objekte vieler Hunde. 2. Man kann prima mit ihnen spielen.

FETISCHE. Wenn wir also nicht von Anfang an Socken mit einem absoluten Tabu belegen, müssen wir damit leben, dass sie eine große Anziehungskraft auf unseren Hund ausüben. Fast alle Hunde lieben also Socken, besonders die gut getragenen. Sie stecken ihre Schnauzen tief hinein, inhalieren unseren Geruch und fühlen sich gut. Wahrscheinlich schenkt ihnen der Duft Sicherheit und verringert das Gefühl des Zurückgelassenseins, besonders wenn wir auf die in ihren Augen dumme Idee gekommen sind, ohne sie das Haus zu verlassen. Ich jedenfalls finde jedes Mal, wenn ich die Hundeplätze sauber mache, eine kleine Sammlung von begehrten Einzelstücken, die sorgfältig in den Tiefen der Hundedecke versteckt wurden. Natürlich müssen Hunde lernen, wie man mit Socken pfleglich umgeht. Deshalb gilt für mich: Solange nicht an ihnen geknabbert und genagt wird, gönne ich meinen Hunden diese leichte Form des Fetischismus.

PÄDAGOGISCH WERTVOLL. Durch die Sockenliebe meiner Hunde bin ich zum zweiten Grund für verbindende Glücksmomente mit Socken gekommen: Im Lauf der Jahre haben sich durch das enge Zusammenleben von Socken, Hunden und mir einige spannende Spiele ergeben, bei denen Socken die Hauptrolle spielen. Sie lassen sich zum Beispiel herrlich für Suchspiele einsetzen. Und die haben natürlich auch wieder einen pädagogischen Hintergrund: So können Hunde mit ausgeprägter Jagdpassion durch den Sockengeruch dafür begeistert werden, sich in freier Wildbahn beim Suchen auf unseren Geruch zu konzentrieren anstatt auf die Spuren von Reh, Hase & Co. Unsichere und ängstliche Hunde können durch die Lösung von Denksportaufgaben oder den Applaus von begeisterten Besuchern mehr Selbstvertrauen gewinnen. Außerdem ist die Socke auch sehr gut fürs Tricktraining geeignet: Sie macht es möglich, dass man ein paar lustige Tricks wie „Humpeln“ oder „Schäm dich“ trainieren kann. Gönnen Sie Ihrem Hund deshalb zumindest eine „Spielsocke“ und erleben Sie zum Dank dafür viele tolle Spielmomente!

FINDERLOHN

Wir verlieren „aus Versehen" eine Socke oder einen Handschuh im Winter – und schicken den Hund zum Suchen.

❶ **SUCHEN LERNEN.** Das erste Suchspiel siedeln wir tief unter dem geistigen Niveau des Hundes an: Wir „verlieren" das Lieblingsspielzeug gut sichtbar mitten auf dem Weg und rufen schon nach ein paar Schritten theatralisch verzweifelt: „Oh nein, wo ist meine Socke?" Der Hund wird natürlich zunächst nichts verstehen – aber aufgeregt mit uns zur Socke gehen. Während wir ihn mit „Such!" anfeuern, motivieren wir mit einem kleinen Zerrspiel mit der Socke den Hund dazu, die Socke zu greifen. Sobald er das Spielzeug im Maul trägt, loben wir, sagen freundlich „Aus" und geben eine Leckerei als Tauschgeschäft. Anschließend wird zur Belohnung mit der Socke gespielt.

❷ **VERLIEREN WIEDERHOLEN.** Mit jeder Wiederholung (auf jedem Spaziergang zwei bis drei Mal) versteht der Hund besser, was er machen soll: Auf unser „Gejammer" reagiert er mit Zurücklaufen und holt das verlorene Stück. Jetzt können wir langsam den Schwierigkeitsgrad steigern: Die Socke wird ins Gras am Wegesrand fallen gelassen; die Strecke, die er zurücklaufen und suchen muss, wird länger. Das Finden des vermissten Gegenstandes gibt dem Hund am Ende einen Kick, der ihm das schönste Hundelächeln ins Gesicht zaubert.

SCHULT: Interesse für uns auf Waldwegen.

VERBESSERT: Kommunikation zwischen unserem Hund und uns.

SORGT FÜR: sinnvolle Beschäftigung fürs Hundegehirn auf Spaziergängen.

SPUR ZURÜCKVERFOLGEN

Jetzt soll der Hund nicht nur suchen, was auf oder neben dem Weg liegt, sondern ganze Wege zurücklaufen, um die verlorene Socke zu finden.

1

2

❶ UM DIE ECKE GEDACHT. Hat der Hund verstanden, was „Oh nein, wo ist meine Socke" bedeutet (siehe Spiel 42), kann der Anspruch erhöht werden: Wir gehen um eine Kurve und schicken ihn zum Suchen, später kann er mehrere Minuten Weg zurückverfolgen, bis er die Socke gefunden hat.

❷ WEG VERLÄNGERN. Die Distanz zwischen Verlieren und Vermissen kann jetzt langsam erhöht werden: Erst ein paar Hundert Meter, dann gehen wir um die nächste Kurve, später können wir sogar mehrmals abbiegen, bevor wir den Verlust bemerken und den Hund zum Finden schicken. Der Anblick unseres fröhlichen Hundes, der mit fliegenden Ohren und stolzgeschwellter Brust Socke oder Handschuh bringt, lässt das Herz höher schlagen und ist der schönste Finderlohn!

SCHULT: selbstständiges Handeln des Hundes.

VERBESSERT: Problemlösekompetenz.

SORGT FÜR: mutige Hunde, die eine Mission erfüllen können.

SOCKE AUSZIEHEN

Ein netter Trick um Übernachtungsgäste zu beeindrucken: Abends kann der Hund beim Ausziehen behilflich sein und uns die Socken von den Füßen ziehen.

❶ **ZIEHEN UND JAGEN.** Nehmen Sie die „Spielsocke“ und ziehen Sie sie so locker an, dass der Hund die Spitze gut greifen kann. Jetzt animieren Sie ihn durch ein Zerrspiel mit dem Fuß, an der Socke zu ziehen, und sagen gleichzeitig das passende Signalwort, zum Beispiel „Zieh aus“. Hat der Hund die Socke „erbeutet“, wird er wild durch die Wohnung gejagt!

❷ **DOPPELSCHICHT.** Sobald der Hund das Prinzip des „Ausziehens“ verstanden hat, kann die Übung auf Alltagssocken übertragen werden: Jetzt fordern wir ihn auf, normale Socken auszuziehen – erst die eine, dann die andere – und anschließend spielen wir mit ihm.

❸ **HAARVARIATION.** Hat der Hund verstanden, dass er „ziehen“ soll, kann man ihm auch beibringen, Haarbänder aus dem Haar zu ziehen: Hocken Sie sich dazu mit dem Rücken vor den sitzenden Hund, knoten das Haargummi tief unten in den Zopf und fordern ihn durch Antippen auf, daran zu ziehen: „Zieh!“ Viele Hunde übertragen das bekannte Wort schnell auf die neue Situation und wissen, was zu tun ist. Je vertrauter die Übung ist, desto fester und höher kann der Pferdeschwanz gebunden werden.

SCHULT: genaues Zuhören in verschiedenen Situationen.

VERBESSERT: Kreativität und Eigeninitiative des Hundes.

SORGT FÜR: Hunde mit Humor, die alle zum Lachen bringen.

WÄSCHE ABNEHMEN

So wird jeder Hund zur Haushaltshilfe: Socken können nicht nur verloren und wiedergefunden, sondern auch von einer Leine abgehängt werden.

❶ WÄSCHE AUFHÄNGEN. Durch das Spiel „Socke ausziehen" kennt der Hund schon das Signalwort „Zieh". Jetzt hängen wir vor seinen Augen die Socke an eine Wäscheleine und spannen diese entweder zwischen uns und einem Pfahl oder bitten ein Familienmitglied, das freie Ende zu halten. In die Socken können wir je ein Leckerli verstecken.

❷ WÄSCHE ABNEHMEN. Sobald die Wäscheleine gespannt ist, schicken wir den Hund mit „Zieh" an die Arbeit. Ist er unsicher, können wir ihm helfen, indem wir ein bisschen an der Socke zupfen und das Signalwort wiederholen. Sobald der Hund die Wäsche abgenommen hat, soll er sie uns bringen. Dafür erhält er sein Leckerli und wird fröhlich gelobt.

❸ IN DEN WÄSCHEKORB. Noch ein netter Trick: Anschließend können wir unserem klugen Hund beibringen, die Wäsche in den Wäschekorb zu legen. Voraussetzung wäre, dass er die Signalwörter „Pick up" oder „Heb's auf" und „In die Kiste" aus dem Spiel „Ball in die Kiste werfen" (Seite 38) schon kennt. Genau wie dort gehen wir auch hier vor – und schon können uns die Hunde bei der Hausarbeit helfen.

SCHULT: Fähigkeit, schon Gelerntes in neue Situationen zu übertragen.
VERBESSERT: Feinmotorik, Offenheit für Neues.
SORGT FÜR: selbstbewusste Hunde mit Humor.

1

2

NADEL IM HEUHAUFEN

Jetzt ist Spürsinn gefragt, denn unser Nasentier soll seine geliebte Spielsocke aus einem Berg Socken heraussuchen.

❶ VERSTECKEN. Wir suchen ein paar frisch gewaschene Socken zusammen und legen sie unordentlich auf einen großen Haufen. Dem vorher abgesetzten Hund zeigen wir seine Lieblingssocke und verstecken sie dann vor seinen Augen unter den anderen Exemplaren. Alternativ können wir auch ein Leckerli in der Socke verstecken, dann brauchen wir nicht darauf zu achten, dass die anderen Socken „neutral" riechen müssen.

❷ ZUM SUCHEN SCHICKEN. Jetzt darf der Hund kommen und seine Socke suchen – am Anfang helfen wir ein bisschen mit, später schafft er es ganz allein. Fürs Finden belohnen wir ihn mit einer kleinen Jagd durchs Haus und/oder der Leckerligabe!

❸ SPIELKOMBINATION. Noch eine Steigerung: Wir verstecken den Strumpf in unserer Sockenschublade, die er erst aufziehen muss (Spielidee „Schublade aufziehen", Seite 78), um dann nach seinem Exemplar zu suchen. Wir können den Sockenberg auch in das Suchspiel „Sachensucher" (Seite 15) integrieren, sodass er die Lösung für die Aufgabe aus der Sockensuchsituation erinnern muss.

SCHULT: Beobachtungsgabe.
VERBESSERT: Kreativität bei der Lösungssuche für Probleme.
SORGT FÜR: Hunde, die selbstbewusst mitdenken und sich schlau fühlen.

SCHÄM DICH

Noch mehr Unterhaltungsprogramm für fröhliche Gäste: Durch das Überziehen der Socke über die Schnauze lernt der Hund die „Schäm dich"-Geste.

❶ **VERKLEIDEN.** Für dieses Spiel ist ein sehr vertrauensvolles Verhältnis zwischen Mensch und Hund Voraussetzung. Sie legen den Hund ins „Platz". Nehmen Sie die Socke und ziehen Sie sie Ihrem Hund über die Schnauze.

❷ **AUSZIEHEN.** Natürlich wird unser Hund nicht begeistert sein und versuchen, das olle Ding wieder loszuwerden. Dazu wird er im Liegen mit den Vorderpfoten an der Schnauze die Socke festhalten und den Kopf zurückziehen. Dies ist schon mal die passende Geste, die wir mit dem Hörzeichen „Schäm dich" begleiten.

❸ **BELOHNEN.** Hat der Hund die Geste gezeigt, ziehen wir die Socke sofort ab und geben ihm ein Leckerchen. Das heißt, wir belohnen schon in dem Moment, wo er die Pfoten an die Schnauze drückt. Auf diese Weise wird er mit der Zeit diese Aktion mit unseren Worten in Verbindung bringen und sie irgendwann auch ohne Socke zeigen, um die Leckerei zu bekommen.

SCHULT: nichts.
VERBESSERT: Angebot unserer Trickkiste.
SORGT FÜR: neue Tricks, die Teegesellschaften bei Laune halten.

1

2

HUMPELN – ACH, DU ARMER HUND!

Noch mehr Tricktraining: Mithilfe einer Socke lernt unser Hund das „Humpeln auf Kommando". Also Socke anziehen und munter drauf loshinken.

❶ **VORBEREITUNG.** Auch für diese neue Spielvariation mit Socke ist ein vertrauensvolles Verhältnis zwischen Hund und Mensch Bedingung. Dieses Mal ziehen wir die Socke nicht über die Nase, sondern über die Pfote des abgesetzten Hundes. Dann gehen wir ein Stück vom wartenden Hund weg – und rufen ihn zu uns.

❷ **ABRUFEN.** Sobald sich der Hund auf den Weg zu uns macht, wird er durch die lästige Socke am Bein anfangen zu „humpeln". Genau diese Gangart betiteln wir mit dem neuen Signalwort „Humpeln" und loben ihn dafür mit einem Leckerchen. Natürlich versteht der Hund noch nicht, was genau er denn so toll gemacht hat. Aber er verknüpft die eigentlich doofe Situation mit der positiven Belohnung.

❸ **WIEDERHOLEN.** Dieses „Spielchen" wiederholen wir jetzt tagelang immer mal wieder. Wenn der Hund auf uns zugeht, können wir das Wort „Humpeln" gern mehrmals fröhlich wiederholen, bis er bei uns angekommen ist. Erst dann geben wir die Belohnung. Irgendwann können wir versuchen, den Hund auch ohne Socke an der Pfote durch den Satz zum Humpeln zu bewegen. Klappt das, belohnen Sie ihn sofort mit Leckerchen und Toben. Wiederholen Sie die Übung zeitnah, um den Lerneffekt zu festigen!

❹ **OHNE SOCKE.** Jetzt können wir anfangen, das Spielchen im Wechsel mal mit, mal ohne Socke zu spielen – so sackt die Bedeutung des Begriffes langsam tiefer ins Hundegehirn ein und er lernt die Handlung mit dem Signalwort zu verbinden. Irgendwann kann dann die Socke ganz weggelassen und der Begriff in einen Satz eingebaut werden: Wir sagen „Humpeln" und untermalen das Gehumpel dann mit einem mitleidig vorgetragenen Signalsatz wie: „Oh, mein armer Hund humpelt!"

EIN TIPP Für die Vorführung dieses Tricks wird wahrscheinlich lebenslange Leckerligabe erforderlich sein. Hunde sind nicht dumm, kaum ein Kandidat wird das Humpeln sinnvoll finden. Aus reiner „Nettigkeit" uns gegenüber wird deshalb kein Hund die Humpelei lange mitmachen, wir müssen eine Gegenleistung in Form von leckeren Happen erbringen. Andererseits schlummert in manchen unserer Hunde ein verstecktes Showtalent. Für diese Exemplare ist der begeisterte Applaus ihrer Menschenfreunde der tollste Lohn: Sie machen alle albernen Vorführungen begeistert mit, Hauptsache sie stehen auf der Bühne.

SCHULT: nichts.
VERBESSERT: Spaß am Tricktraining.
SORGT FÜR: neue Tricks, die Teegesellschaften bei Laune halten.

1

2

3

DER DUMMY

ALLES ANDERE ALS DUMM!

AN DIE „DUMMYS", FERTIG, LOS!

Liebe Hundetrainer, Sie haben natürlich vollkommen recht: Ein Dummy ist doch kein Spielzeug! Deshalb wird hier auch kein professionelles Dummytraining beschrieben, sondern Lust auf ein paar Übungen mit großem Spaßfaktor gemacht. Denn Spiel ist zwar per definitionem frei von Ernst, aber andersherum findet hier die beste Vorbereitung auf den Ernst des Lebens statt.

ÜBUNG UND SPIEL. Dummys eignen sich nämlich hervorragend dazu, Spiel und Übung zu kombinieren, denn dabei ist viel Spaß mit großem Lerneffekt möglich. Dummys sind also kleine Wundermittel, mit denen wir Hunden viele neue Türen öffnen können und die deshalb unbedingt in unsere Spielzeugkiste gehören. Hunde können sich durch die Beschäftigung mit Dummys für die Kommunikation auf Distanz begeistern, sie lernen, sich zu erinnern, zählen und entdecken Freude am Finden. Dadurch machen die kleinen Sandsäckchen mit der Zeit sogar dem Wild im Dickicht Konkurrenz: Sie sind so spannend, dass die frische Hasenspur links liegen gelassen und der Dummy zum Ziel jeder Stöberei wird.

IN JÄGERHAND. Eigentlich und ursprünglich gehören Dummys natürlich in Jägerhände und werden von kältetrotzenden Retrievern aus Eiswasser oder unübersichtlichem Gelände apportiert und schnurstracks zum wartenden Besitzer gebracht. Mithilfe dieses „Wildfakes", also dem „Dummy", soll den Hunden beigebracht werden, sich Fallpunkte von geschossenem Federvieh zu merken und sie so schnell und sicher wie möglich zum Jäger zu bringen. Aus dieser klassischen Aufgabe hat sich in den letzten Jahrzehnten ein eigener Sport entwickelt: Auf Prüfungen der Retriever-Vereine, zum Beispiel der Deutsche Retriever Club (DRC), aber auch in Hundeschulen mit ambitionierten Trainern werden die Hunde vor immer neue, schwierige Aufgaben gestellt, die eine hohe Konzentration der Hunde und besonders feine Kommunikation zwischen Mensch und Hund erfordern.

SANDSACK STATT FUTTERBEUTEL. Ebenso wie bei den „Profis" vertraue ich übrigens den ursprünglichen Dummys, die nur mit Sand gefüllt sind. Warum? Weil es Hunden sowieso schon sehr schwerfällt, etwas Interessantes zu uns zu bringen, anstatt sich damit aus dem Staub zu machen. Wir erschweren also dem Hund die Aufgabe, wenn wir die Säckchen mit Leckereien füllen. Einen Belohnungshappen gibt es bei mir deshalb direkt aus der Hand, wenn das Apportel brav gebracht wurde. Wer merkt, dass sein Hund begeistert mitmacht, sollte unbedingt in lokalen Vereinen und Hundeschulen nach Apportierkursen fragen. Denn was hier geboten wird, sind nette Appetithappen, die Spaß machen. Aber die meisten Hunde können noch viel mehr. Also bitte ausprobieren und gegebenenfalls mehr daraus machen!

GRUNDTRAINING APPORT

Erst in der Wohnung, dann auf der Wiese lernt der Hund den Dummy als etwas besonders Wertvolles kennen, mit dem er Erfolgserlebnisse und positive Gefühle verbindet.

❶ **SPANNEND MACHEN.** Zuerst müssen wir den Hund für das Sandsäckchen begeistern. Auch wenn es merkwürdig klingt: Nehmen Sie den Dummy hin und wieder aus dem Regal, wiegen ihn bedeutungsvoll in der Hand, schnuppern daran und geben bewundernde Laute von sich. Fast jeder Hund wird die Prozedur aufmerksam verfolgen und anfangen, sich brennend für das Ding zu interessieren.

❷ **ABGEBEN LERNEN.** Das Bringen von etwas sehr Wertvollem widerstrebt jeder Kanidennatur. Wer als echter Hund etwas Tolles findet, der sichert es vor neugierigen oder hungrigen Rudelgenossen. Deshalb müssen wir dem Hund beibringen, dass es sich lohnt, den Dummy zu uns zu bringen, indem wir ihn fürs Abgeben belohnen. Dazu halten wir eine Leckerei bereit und werfen den Dummy nur einen Meter weit weg. Der Hund sitzt und wartet gespannt – diese Spannung halten wir noch ein paar Sekunden – und schicken ihn dann mit dem Signalwort „Apport!" und der ausgestreckten Hand in Richtung Dummy. Hat er den Dummy im Fang, laufen wir rückwärts, klatschen in die Hände und animieren ihn, zu uns zu kommen. Lässt er sich tatsächlich überreden und läuft in unsere Richtung, müssen wir schnell reagieren: Wir gehen sofort auf ihn zu, nutzen seinen Überraschungsmoment aus und nehmen den Dummy ab: „Aus!" Dabei soll der Dummy aus seinem Maul in unsere Hand fallen. Damit sich das Tauschgeschäft lohnt, halten wir in diesem Moment das Leckerchen parat und freuen uns so, als hätte er schon alles richtig gemacht.

❸ **ABGEBEN TOLL FINDEN.** Diesen Lerneffekt wiederholen wir während der nächsten Tage viele Male – und festigen damit das neue Wort und gute Erlebnis: nämlich dass es sich lohnt, den Dummy zu holen und abzugeben. Mit der Zeit muss der Hund lernen, sich nach dem Abgeben hinzusetzen und kurz zu warten. Beenden Sie das Üben nach dem Erfolg sofort, damit der Dummy spannend bleibt.

❹ **WENN ES IHN NICHT ÜBERZEUGT.** Manche Hunde wollen nicht gern abgeben. Hier müssen wir die gute alte Schleppleine zu Hilfe nehmen. Wir leinen den Hund an, und verfahren ansonsten wie oben beschrieben. Wenn er sich mit dem Dummy aus dem Staub machen möchte, ziehen wir ihn sanft, aber ohne zu zögern zu uns her und nehmen die „Beute" ab. Gleichzeitig „trösten" wir mit dem Leckerchen. Das Vorgehen wiederholen wir ein paarmal und hoffen, dass es unseren Hund langfristig überzeugt und er irgendwann freiwillig kommt und abgibt.

❺ **VOR DIE HAUSTÜR GEHEN.** Wenn das Training im Haus gut klappt, verlagern wir es in den Garten oder Park und üben dort zunächst nur an Plätzen mit wenig Ablenkung.

SCHULT: Spaß an der Zusammenarbeit.

VERBESSERT: Teamgefühl, Konzentrationsvermögen.

SORGT FÜR: gemeinsames, konzentriertes Arbeiten an einer spannenden Aufgabe.

1

2

2

3

1

2

2

3

4

5

ZWEI DUMMYS

Der Hund lernt zählen und versteht, dass er die Dummys in einer bestimmten Reihenfolge holen darf.

❶ **GELERNTES VERFESTIGEN.** Beim ersten Dummyspiel hat unser Hund verstanden, was er machen soll: den geworfenen Dummy holen und uns bringen. Wenn wir das lange und ausgiebig gespielt haben, können wir die Anforderung erhöhen: Nun soll der Hund zwei Dummys holen.

❷ **ZWEI WERFEN.** Jetzt zaubern wir zwei Dummys aus unserer Tasche. Wir starten wieder im Haus, werfen den ersten Dummy und lassen den Hund lange zum Fallpunkt gucken. Dann werfen wir den zweiten Dummy in die entgegengesetzte Richtung. Auch hier lassen wir den Hund wieder lange gucken.

❸ **AN DIE NUMMER EINS ERINNERN.** Hunde interessieren sich am meisten für das, was wir als Letztes berührt haben. Beim ersten Durchgang werden deshalb alle Hunde zu dem Dummy laufen wollen, der als Letztes geworfen wurde. Deshalb geben wir das deutliche „Sitz und Bleib"-Signal und gehen zum ersten Dummy, berühren ihn kurz und gehen dann zurück zum Hund. Profis nennen diese Handlung „markieren", dadurch wird die Aufmerksamkeit auf den richtigen Gegenstand gelenkt.

❹ **LOSSCHICKEN.** Jetzt schicken wir den Hund mit ausgestrecktem Arm zum markierten Dummy Nummer eins. Dann setzen wir ihn ab, „markieren" den zweiten und kommen zum Ausgangspunkt zurück. Der Hund wird in diese Richtung geschickt, euphorisch gelobt und die Übung fröhlich mit dem Erfolgserlebnis beendet.

❺ **ÜBUNG MACHT DEN MEISTER.** Wichtig beim Üben: Immer den Hund zu dem Dummy schicken, der zuerst geworfen wurde. Dann können wir irgendwann anfangen, das „Markieren" ausfallen zu lassen, und belohnen nur noch, nachdem der Hund beide Dummys in der gewünschten Reihenfolge gebracht hat. Während der „Arbeitszeit" vermitteln wir dabei durch unsere Körpersprache und eine sehr motivierende, aber ruhige Stimme eine große Spannung – um dann am Ende fröhlich zu loben!

❻ **DRAUSSEN ÜBEN.** Sobald der Hund alles sicher ausführt, können wir das spielerische Training unter den freien Himmel verlagern: Hier muss der Hund zuerst im Garten und später im Park beide Dummys finden. Dabei werfen wir am Anfang auf glatten Rasenflächen, sodass die Dummys gut zu sehen und dadurch leicht zu finden sind. Später gehen wir auf ungemähte Wiesen oder ins Dickicht. Hier muss sich der Hund aus seiner Sitzposition heraus die Fallpunkte der Dummys genau merken. Deshalb ist es wichtig, dass wir ihm nach jedem Wurf ausreichend Zeit zum Beobachten geben und den zweiten Dummy erst werfen, wenn er den Blick wieder uns zuwendet. Bitte nie vergessen: loben und spielen, zum Beispiel mit dem Zerrseil (Seite 8).

SCHULT: Gedächtnis und Erinnerung.
VERBESSERT: Teamgefühl, Konzentrationsvermögen.
SORGT FÜR: gemeinsame Arbeitssequenzen voller Spaß und Spannung.

MEHRERE DUMMYS

Der Hund muss lernen, sich die Fallpunkte zu merken, und darf erst auf Signal loslaufen, um die Dummys nacheinander zu bringen.

1

2

❶ **MEHRERE HUNDE.** Wenn wir zwei oder mehrere Hunde haben, lässt sich hier sehr schön das Einzelnschicken üben. Dazu nennen wir immer zuerst den Hund beim Namen und sagen dann deutlich „Apport". Der „arbeitslose" Hund wird die ersten Male auch mitrennen und holen wollen. Das verhindern wir, indem wir ihn in weiser Voraussicht angeleint haben und mit dem Fuß auf der Leine stehen. Der zweite Hund wird fürs Warten genauso gelobt wie der erste fürs Apportieren. So werden beide Hunde lernen, genau hinzuhören, wer gerade arbeiten und wer warten soll.

❷ **ERINNERN LERNEN.** Jetzt erweitern wir die Anzahl der Dummys langsam auf bis zu sechs Stück. Am Anfang können wir dem Gedächtnis durch „Markieren" auf die Sprünge helfen. Nach jedem Wurf lassen wir dem Hund so lange Zeit zu beobachten, wie er möchte und braucht.

❸ **TEAMWORK.** Wir können mehrere Hunde gemeinsam schauen lassen und dann abwechselnd zum Dummy schicken. So erreichen wir eine hohe Konzentration und Zusammenarbeit von allen Beteiligten, was toll für das „Wir-gefühl" ist!

SCHULT: Spaß an der gemeinsamen Aufgabenbewältigung.

VERBESSERT: Erinnerungsvermögen, Teamgefühl.

SORGT FÜR: Hunde, die genau hinhören und präzise und fröhlich Aufgaben lösen.

HOCHSTAPLER

Zur Abwechslung werden die Dummys nicht geworfen, sondern auf Bänke gelegt oder in Astgabeln gehängt und müssen dort gefunden werden.

❶ WEGBRINGEN STATT WEGWERFEN. Ist der Hund schon zum „Apportierprofi" geworden, sollten wir immer wieder Variationen einbauen und seinen Geist weiter fordern. Deshalb werfen wir am Anfang zwei Dummys – gehen dann mit einem Hörzeichen „Bleib" in eine andere Richtung davon und legen den Dummy an einen besonderen Ort. Nichts ist unmöglich: Wir können ihn auf einen Findling drapieren, hinter einem Busch verstecken oder in eine Mulde am Boden legen.

2

❷ ERINNERN LASSEN. Wir bestehen darauf, dass der Hund zuerst die anderen Dummys holt – und testen sein Erinnerungsvermögen, indem er den besonderen Dummy ganz zum Schluss bringen darf.

❸ VERDECKT ERMITTELN. Mit der Zeit können wir uns auch aus seinem Blickfeld bewegen, sodass er nicht genau weiß, wo wir den Dummy abgelegt haben.

❹ IM DICKICHT UNTERTAUCHEN. Durch das gezielte Üben im Unterholz steigern wir den Grad der Ablenkung und sorgen dafür, dass dieser Ort durch unseren Geruch interessanter wird als der von Hase und Reh.

4

SCHULT: genaues Beobachten.
VERBESSERT: Erinnerungsvermögen, Bindung an uns.
SORGT FÜR: Hunde, die konzentriert und fröhlich mit uns zusammenarbeiten.

VERZÖGERTES HOLEN

Jetzt muss sich der Hund nicht nur merken, wo der Dummy gelandet ist, sondern auch, von wo aus er geworfen wurde.

❶ **OFFEN FÜR NEUES.** Besonders toll finden Hunde Menschen, mit denen sie immer mal wieder etwas Neues erleben. Das legt auch eine neue Studie der schwedischen Verhaltensforscherin Theresa Rehm nahe, in der sie die Bindungsintensität zwischen Menschen und Hunden untersucht hat. Besonders eng war die Bindung von Hunden, deren Besitzer viel mit ihnen unternommen haben. Natürlich soll das nicht in Stress ausarten. Es reicht schon, wenn wir wir altbekannte Spiele auf dem Spaziergang plötzlich mit neuen Herausforderungen verknüpfen. Wie zum Beispiel bei diesem Spiel: Jetzt soll der Hund beobachten, von welchem Standpunkt aus der Dummy geworfen wurde und danach zu unserem aktuellen Aufenthaltsort apportieren. Durch diese kleinen Variationen sorgen wir dafür, dass unser Hund geistig flexibel bleibt und alles was wir tun, mit Neugierde beobachtet.

❷ **ABSETZEN, WERFEN, WEITERGEHEN.** Wir setzen den Hund ab und gehen weiter. Nach ungefähr zehn Metern werfen wir den Dummy von diesem Punkt aus ins Unterholz oder in die Wiese neben dem Weg. Anschließend gehen wir weiter und bleiben nach weiteren zehn Metern am „Wartepunkt“ stehen.

❸ **SUCHEN LASSEN.** Jetzt verharren wir einen Moment und schicken den Hund mit „Such Apport“ zum Dummy. Beim ersten Mal werden manche Kandidaten eventuell bis zu uns gelaufen kommen. Dann gehen wir mit ihm zurück bis zum „Wurfpunkt“ und schicken den Hund von dort auf die Suche. Während er sucht, gehen wir zum „Wartepunkt“ zurück und nehmen den Dummy dort mit großer Freude in Empfang. Nach ein paar Wiederholungen hat unser Hund die neue Spielregel verstanden.

❹ **FALLS FEHLERMELDUNG.** Ist der Hund überfordert und kann sich nicht so viel auf einmal merken beziehungsweise wird durch das Weitergehen von der eigentlichen Aufgabe abgelenkt, senken wir die Anforderung: Wir gehen nicht zehn, sondern nur drei Meter bis zum Wurfpunkt und dann nur einen Meter weiter bis zum Wartepunkt. Klappt diese Aufgabe gut, können wir die Entfernungen nach und nach erhöhen.

WIE ÜBERALL GILT: Wenn es nicht auf Anhieb klappt, bitte nicht enttäuscht sein, denn eine hohe Erwartungshaltung wird sich sofort auf den Hund übertragen und sorgt für Stress statt Spaß. Deshalb lieber überlegen, ob wir den Hund eventuell durch unbeabsichtigte Gesten von der Lösung abgelenkt haben, oder wie wir ihm im Rahmen seiner Möglichkeiten entgegenkommen könnten, damit die Aufgabe immer mit einem Erfolgserlebnis abgeschlossen werden kann.

SCHULT: Spaß an der gemeinsamen Aufgabenbewältigung.

VERBESSERT: Erinnerungsvermögen, Teamgefühl.

SORGT FÜR: Hunde, die genau hinhören und präzise und fröhlich Aufgaben lösen.

1

1

2

2

SPUR DURCHS DICKICHT LEGEN

Der Dummy wird irgendwo im Wald versteckt, während der Hund wartet. Anschließend wird der Vierbeiner auf die Suche geschickt.

❶ **ABWARTEN.** Der Hund wird abgesetzt und wir verschwinden im Dickicht, im Wald oder hinter der nächsten Kurve. Am Anfang wählen wir wieder ein leichtes Versteck für den Dummy, damit der Hund ein schnelles Erfolgserlebnis hat. Dann gehen wir auf einem anderen Weg zum wartenden Hund zurück und bleiben neben ihm stehen.

❷ **ZUM SUCHEN SCHICKEN.** Jetzt steigern wir die Spannung, indem wir uns ruhig verhalten – und schicken ihn dann mit zackiger Handbewegung und „Such“ in Richtung Dummy. Der Hund wird die erste Strecke im Galopp zurücklegen – denn er hat gesehen, wo wir verschwunden oder wieder aufgetaucht sind. Dann setzt er seine Nase ein und folgt unserer Spur, bis er den Dummy gefunden hat.

❸ **SPÄTER SUCHEN.** Nachdem wir den Dummy versteckt haben, darf der Hund vorher noch zwei geworfene Dummys holen, bevor wir ihn zum Versteck schicken.

SCHULT: Konzentration.
VERBESSERT: Erinnerungsvermögen.
SORGT FÜR: Hunde, die sich über einen längeren Zeitraum konzentrieren und mit uns zusammenarbeiten können.

1

2

MULTITASKING – BRINGEN & SPRINGEN

Auf dem Weg zurück soll der Hund über einen Baumstamm oder über unser ausgestrecktes Bein springen beziehungsweise unter einer Bank hindurchkriechen.

❶ SPRINGEN ÜBEN. Wenn der Hund mit Dummy im Maul über unser Bein springen soll, sollten wir den Sprung vorher in verschiedenen Situationen ausgiebig geübt haben, sodass er fest mit dem Hörzeichen „Hopp" verknüpft wurde. Im Spiel auf Seite 33 und 74 wird das Signal mit dem Seil eingeübt. Genauso gut können wir den Hund über unser ausgestrecktes Bein, den Arm, eine Bank, einen Baumstamm oder Stock hüpfen lassen. Je häufiger er das Signal in unterschiedlichen Situationen ausgeführt hat, umso schneller ist er in der Lage, es auch ins Apportierspiel einzubauen.

❷ BRINGEN & SPRINGEN. Jetzt werfen wir den Dummy, schicken den Hund zum Holen und strecken unser Bein, während er auf dem Weg zurück zu uns ist. Während er sich nähert, rufen wir das ihm vertraute „Hopp" und loben ihn überschwänglich, wenn er den Dummy danach abgibt.

❸ NEUE HINDERNISSE. Klappt diese Variante sicher, können wir den Hund auffordern, auf dem Rückweg über eine Bank, einen großen Stein oder den ausgestreckten Arm zu springen und uns erst danach den Dummy zu geben.

SCHULT: Multitasking-Kompetenz.
VERBESSERT: Koordinationsvermögen.
SORGT FÜR: Hunde, die gut Gelerntes schnell in neue Situationen übertragen können.

2

FÜR WASSERRATTEN

Ein oder mehrere Dummys müssen aus dem Wasser apportiert werden. Auch hier soll der Hund auf Signale und Handzeichen achten, die ihm die Richtung weisen.

❶ REGELWERK KENNEN. Wenn Hunde Wasser lieben, können wir auch im nassen Element das Apportieren üben: Hierzu muss der Hund die Spielregeln verstanden und verinnerlicht haben (siehe Seite 53).

❷ SCHWIMMEN STATT LAUFEN. Ist es warm genug, können wir am Badesee üben: Wie bei der „Landübung“ setzen wir den Hund ab und werfen anfangs nur einen Dummy ins Wasser. Nach kurzer Anspannungsphase schicken wir den Hund mit „Apport“ zum Wasser.

❸ ERST AUSGEBEN, DANN SCHÜTTELN. Apportierprofis bestehen darauf, dass der Hund den Dummy abgeben muss, bevor er sich schütteln darf – eine echte Herausforderung, die aber nicht nötig ist, wenn wir keine Prüfungen ablegen möchten.

SCHULT: Fähigkeit, gut Gelerntes flexibel in neue Situationen zu übertragen.

VERBESSERT: Spaß an Teamwork.

SORGT FÜR: noch mehr Freude am Apportieren, besonders für Wasserratten.

1

2

3

AUF DER PIRSCH

Wir werfen den Dummy und schleichen uns gemeinsam zur „Beute" – am Ende darf der Hund den Dummy holen.

❶ WEIT WERFEN. Wir werfen den Dummy weit weg, während der Hund neben uns sitzen bleibt.

❷ ANPIRSCHEN. Jetzt „schleichen" wir uns gemeinsam an die Beute heran. Dazu sagen wir am Anfang „Fuß Pirsch", um dem Hund zu verdeutlichen, was wir wollen: nämlich nebeneinander schleichen. Das „sch" können wir in die Länge ziehen, so verbindet er den Laut mit der neuen Handlung. Mit der Zeit können wir das „Fuß" weglassen und nur noch „Pirsch" sagen und der Hund wird neben uns „schleichen".

❸ ABLEGEN. Auf dem Weg zum Dummy verharren wir und legen den Hund ein bis zwei Mal ab. Dazu sagen wir plötzlich „Platz", danach geht die „Pirsch" weiter.

❹ HOLEN SCHICKEN. Aus dem letzten „Platz" schicken wir ihn mit „Apport!" zur „Beute" – und rennen gemeinsam fröhlich lobend zum Ausgangspunkt zurück. Erst hier lassen wir uns den Dummy in die Hand geben und belohnen den Hund mit einem fröhlichen Zerrspiel.

SCHULT: Synchronisierung der Bewegungen von Hund und Mensch.

VERBESSERT: Stimmungsübertragung, Teamgefühl.

SORGT FÜR: Spiel, Spaß und Spannung, ein bisschen wie bei der echten Jagd auf Beute!

1

3

4

1

2

3

3

VERGRABEN

Wir vergraben den Dummy – unter einem Laubhaufen, einer Moosdecke oder in einem Maulwurfshügel. Der Hund muss sich erinnern, suchen, finden – und buddeln!

❶ VERSTECKEN. Der Hund muss genau beobachten, was wir mit dem Dummy machen, und darf ihn erst zeitverzögert holen. Dazu werfen wir die ersten beiden Dummys aus. Im Anschluss nehmen wir den dritten Dummy und verbuddeln ihn abseits des Weges oder bedecken ihn mit Laub, sodass er anfangs nur wenig, später dann gar nicht mehr zu sehen ist.

❷ VERZÖGERTES HOLEN. Jetzt soll der Hund zuerst die geworfenen Dummys holen und in unsere Hand legen. – Danach soll er sich erinnern, wo das dritte Apportel versteckt wurde. Hier sind Konzentration und Naseneinsatz gefragt.

❸ FÜR ÜBERFORDERTE. Hat der Hund vor lauter Aufregung vergessen, was wir mit dem dritten Dummy gemacht haben, helfen wir ihm beim Suchen. Es reicht meistens aus, wenn wir ihn absetzen und den „Buddelberg" berühren, um die Erinnerung wachzurufen, wo das letzte Dummy verblieben ist.
Wir dürfen nie die Macht von Glücksgefühlen beim Lernen unterschätzen: Nach dem Stress des Aushaltens und Suchens ist die richtige Lösung wichtig, um Gelerntes zu festigen und sich schlau genug für viele neue Herausforderungen zu fühlen. Deshalb sollten wir unbedingt beim nächsten Mal die Anforderung herunterschrauben, damit ein schnelles Erfolgserlebnis garantiert ist: Verstecken Sie den Dummy recht offensichtlich, werfen Sie vorab nur einen Dummy statt zwei und freuen Sie sich riesig, wenn sich Ihr schlauer Hund richtig erinnert und das vergrabene Apportel gefunden hat.

EIN TIPP Hunde, die ein Problem ohne Hilfe lösen, fühlen sich unglaublich toll – deutlich zu erkennen an ihrer gesamten Körpersprache. Wahrscheinlich fühlen sie sich ähnlich großartig wie ein Schulkind, das eine knifflige Hausaufgabe selbst gelöst hat. Nimmt man Kindern stattdessen das Denken ab und zeigt ihnen die Lösung, freuen sie sich, dass sie vom Schreibtisch befreit wurden. Motiviert man sie durch Stimme und gibt ihnen einen kleinen, aber feinen Denkanstoß – lässt sie jedoch selbst die Lösung finden! – fühlen sie sich schlau und ihr Wissen sowie die Lernmotivation werden größer. Schuld ist der Botenstoff Dopamin, der mit jedem Erfolgserlebnis ausgeschüttet wird, Selbstbelohnungsfunktion hat und damit weiteres Lernen befeuert. Ähnlich ergeht es den Hunden: Auch bei ihnen wird die „Selbstbelohnungsdroge" Dopamin in Erfolgsmomenten ausgeschüttet, was man deutlich sehen kann, wenn sie mit weit ausholenden Schritten und hocherhobenem Kopf mit „Beute" im Maul angaloppiert kommen. Deshalb sollten wir ihnen oft die Möglichkeit bieten, selbst nachzudenken und sich zu erinnern, was mit dem Dummy gemacht wurde. Haben Sie bitte Geduld und bleiben Sie ruhig, motivieren Sie mit freundlicher Stimme zum Weitersuchen. So bekommen Sie bald einen fröhlichen Aufgabenknacker!

SCHULT: Spaß an neuen Herausforderungen.
VERBESSERT: Erinnerungsvermögen, Teamgefühl.
SORGT FÜR: Hunde mit gutem Gedächtnis und hoher Konzentrationsfähigkeit.

FEST TRAGEN

Viele Hunde sind sehr gut im Holen, haben aber keine Lust, den Dummy länger als nötig zu tragen. Das wird jetzt geändert!

❶ SIGNALWORT „FEST!" ETABLIEREN. Der Hund soll lernen, den Dummy zu tragen, während er neben uns herläuft. Das passende Hörzeichen können wir schon vorab im Alltag etablieren: Immer, wenn er mit stolzgeschwellter Brust ein Spielzeug im Maul trägt, sagen wir mit freundlicher Stimme: „Fest", oder auch: „Gut/Toll/Fein Fest."

❷ WORT ÜBERTRAGEN. Kennt er das neue Wort, nutzen Sie die Apportiersituation und gehen, während der Hund mit dem Dummy im Maul auf Sie zukommt, drei Schritte zurück und sagen dabei mehrmals: „Fest." Erst dann folgt das Hörzeichen „Aus" und Sie lassen sich den Dummy geben.

❸ HANDLUNG MIT HÖRZEICHEN KOPPELN. Je häufiger sie diese Aktion wiederholen, umso schneller wird er die neue Aufgabe verstehen. Gehen Sie jedes Mal ein Stückchen weiter zurück, irgendwann fordern Sie ihn auf, nach dem Holen noch ein paar Meter neben Ihnen zu gehen, bevor er den Dummy abgeben soll.

❹ SITZEN UND HALTEN. Hat der Hund das Wort verinnerlicht, können Sie ihn absetzen, während er den Dummy hält. Dazu lassen Sie ihn wie gewohnt kommen, gehen ein paar Schritte, sagen „Fest" und fordern ihn plötzlich auf, sich zu setzen. Die meisten Hunde wird diese neue Kombination überfordern, deshalb sollten Sie darauf gefasst sein, dass er den Dummy fallen lässt. Halten Sie vorsorglich Ihre Hand unter sein Maul. Während er sich setzt, halten Sie den Kiefer gedrückt und wiederholen „Fest" – halten Sie die Situation kurz – und lassen sich dann den Dummy geben. Auch hier gilt wie überall: Viele Wiederholungen sorgen dafür, dass der Hund versteht, was von ihm gewollt wird. Und: fröhliches Freuen niemals vergessen!

❺ MUT ZUR LÜCKE. Manche Hunde finden das „Festhalten" total doof, andere – besonders die Retrieverrassen – tragen leidenschaftlich gern lange etwas im Maul mit sich herum. Lernen müssen diese neue Herausforderung alle, die Motivation ist aber unterschiedlich groß. Bevor mein Hund also den Spaß am Dummytraining verliert, weil er am Ende immer halten soll, würde ich lieber auf diesen Teil der Vorführung verzichten und nur von ihm erwarten, dass er mir den Dummy in die ausgestreckte Hand wirft. Wie immer gilt: Wir müssen bei jeder Spielvariation genau prüfen, ob sie wirklich zu uns und unserem Hund passt.

SCHULT: genaues Hinhören, was wir sagen.
VERBESSERT: feine Kommunikation.
SORGT FÜR: Hunde, die viel verstehen und verschiedene Aufgaben kombinieren und lösen können.

1

2

3

5

DAS SEIL –

VIELSEITIG EINSETZBAR

SCHLEPPLEINEN ZWECKENTFREMDET

Wenn wir spazieren gehen, brauchen wir meist eine Leine. Das trifft sich gut, denn weil wir unseren Hund unterwegs auch beschäftigen möchten, können wir die Leine auch anderweitig einsetzen! Natürlich sollte er zuverlässig gehorchen. Ist das gegeben, darf er nicht nur frei laufen, sondern lernt die langweilige Leine ganz neu kennen und schätzen.

LEINEN finden viele Hunde doof, besonders wenn sie als Schleppleinen genutzt passionierte Jäger an der Hetzjagd hindern sollen. Doch wir können dem ungeliebten Gegenstand sehr leicht ein neues, positives Image verpassen, indem wir viele interessante Spiele damit spielen. Wer einen sehr braven Hund hat und keine Schleppleine braucht, kann sich freuen – und stattdessen einfach ein Seil einpacken. Dann kann es auch schon losgehen – entweder draußen an der frischen Luft oder bei Regenwetter im Haus – für jede Wetterlage finden Sie ein paar Ideen, mit denen Sie das Leben Ihres Hundes bereichern können. Schöner Nebeneffekt: Auch bei diesen Spielen werden wieder wichtige Fähigkeiten trainiert oder lustige Tricks gelernt. Mit Leinen, Bändern und Seilen können wir im Spiel Hunden besonders das Signal-wort „Zieh“ beibringen. Und die Kenntnis von der Zugkraft macht Hunden das Erlernen vieler neuer Tricks leichter und kann uns auch in vielen anderen Situationen des Alltags nützlich sein. Das Leinenkapitel steht natürlich nicht ohne Grund ganz am Ende des Buches: Viele Seilspiele können mit anderen Spielzeugen kombiniert werden und stellen dadurch eine neue Spielvariation dar. Und beim allerletzten Spiel kommen sogar gleich alle fünf Spielzeuge auf einmal zum Einsatz. Wahrscheinlich brauchen Sie für das Einüben des einen oder anderen Tricks ein bisschen Geduld. Doch schon das Lernen macht Spaß.

1

2

2

HOPP!

Es ist noch kein Meister vom Himmel gefallen, auch wenn es hoch hinaus geht. Deshalb starten wir dieses Kapitel mit einer leichten Übung: Hopp!

❶ **VORBEREITUNG.** Wir setzen den Hund ab und gehen ein Stück von ihm weg. Das eine Ende des Seils wird von einem Helfer gehalten oder um einen Baum geknotet. Dann hocken wir uns hin, halten das Seil stramm und legen unsere Beine unter die Lücke, sodass der Hund nicht unter dem Seil hindurchkriechen kann und abspringen muss.

❷ **HOPP VERSTEHEN.** Damit der Hund motiviert springt, nehmen wir einen Ball oder das Zerrseil zu Hilfe: Wir halten es mit der freien Hand über die gespannte Leine, rufen den Hund und werfen das Spielzeug, sobald er bei uns angekommen ist, im hohen Bogen in die Richtung, in die der Hund springen soll. Während er über das Seil fliegt, rufen wir begeistert „Hopp".
Schummler, die sich hinter uns vorbeimogeln möchten, können wir austricksen, indem wir anfangs mit dem Rücken an einer Wand sitzen. Somit ist der Weg versperrt.

❸ **HOPP FESTIGEN.** Nach einigen Wiederholungen können wir die Beine weglassen und die Sprunghöhe erhöhen. Läuft der Hund am Seil vorbei oder kriecht darunter durch, wird er freundlich, aber deutlich zurück auf die Ausgangsposition geschickt.

❹ **VARIATIONEN EINBAUEN.** Damit es nie langweilig wird, wird das Spielzeug nicht geworfen, sondern vorher versteckt. Der Hund darf sein Spielzeug erst suchen, nachdem er über unser gestrecktes Bein oder die gespannte Leine gesprungen ist.

❺ **KOMBINATION.** Wir können „Hopp" und „Unter" abwechseln, wenn der Hund beide Spiele gut kennt (siehe nächstes Spiel).

SCHULT: Impulskontrolle.
VERBESSERT: Sprung-Fang-Koordination.
SORGT FÜR: Spaß an der Beschäftigung mit uns.

UNTER!

Das Gegenteil von Hopp ist untendrunter durchkriechen. Und genau dies wird jetzt gespielt! Und ganz nebenbei erweitern wir den Wortschatz des Hundes.

❶ „UUUUNTER!" kennenlernen. Wir bereiten alles genauso vor, wie im Spiel „Hopp", doch jetzt soll der Hund nicht über die Leine hüpfen, sondern unter ihr hindurchkriechen. Deshalb lassen wir den Hund mit „Hol's dir" auf das Spielzeug los und ziehen es vor ihm unter der Leine hindurch. Sobald er „kriecht", sagen wir „Uuuunter". Wenn wir das „U" deutlich betonen, wird das neue Signalwort schneller wahrgenommen und mit der Situation verbunden.

❷ AN ANDERE ORTE VERLAGERN. Hat der Hund die Bedeutung des Signals verstanden, können wir das Spiel an andere Orte verlagern: zum Beispiel unter gestürzte Baumstämme, unter Bänke oder unter unsere aufgestellten Beine hindurch. Bringen Sie Geduld mit: Am Anfang wird der Hund springen wollen. Bleiben Sie ruhig und loben Sie erst, wenn er genau hingehört und verstanden hat, denn so lernt er die beiden Wörter zu unterscheiden.

❸ HOPP! UND UNTER! ABWECHSELN. Nun kann der Hund über eine Gartenbank springen oder unter ihr hindurchkriechen.

SCHULT: genaues Hinhören, was wir sagen.
VERBESSERT: Körperkontrolle.
SORGT FÜR: mehr Abwechslung im Spiel.

1

1

JAGDSPIEL MIT ANGEL

Der Hund muss sitzen bleiben, bis wir ihn losschicken. Dann darf er das „fliehende Objekt" verfolgen und fangen.

❶ IMPULSKONTROLLE TRAINIEREN. Voraussetzung für das Gelingen dieses Spiels: Der Hund hat bereits Sitz und Bleib kennengelernt (Seite 10 und 11).

❷ SITZENBLEIBEN. Jetzt wird das liebste Spielzeug unseres Hundes – am besten ein Zerrseil – ans Ende der Leine geknotet und um den abgesetzten Hund herum gezogen. Erst nur langsam, damit es nicht zu aufregend ist.

❸ VERFOLGEN. Nun darf der Hund zur Belohnung fürs geduldige Sitzenbleiben das Spielzeug jagen und fangen („Hol's dir"). Ein schöner Moment für jeden braven Kerl, denn Hunde lieben den Wechsel zwischen „Stillhalten" und „Gas geben"!

❹ REIZEN. Nicht ohne Grund wird unser neues Spielzeug in der Jagdhundeausbildung „Reizangel" genannt: Der Jagdhund-Azubi soll unter anderem lernen, auch bei erhöhten Jagdreizen sitzen oder abrufbar zu bleiben. Auch wir erhöhen jetzt den Schwierigkeitsgrad und reizen den Hund mit hektischen Bewegungen und Flugeinheiten des Spielzeugs – trotzdem muss er auf unser Signal warten, bis er die Verfolgungsjagd aufnehmen darf. Wenn das dann endlich kommt, ist viel Spaß garantiert. Sobald der Hund das Spielzeug fangen konnte, soll er es bringen („Apport", siehe Seite 52) und wird mit Leckerchen oder Zerrspiel belohnt.

EINE WEITERE SPIELVARIATION. Wir können vom Hund verlangen, dass er zwar hinterherjagen – aber das Spielzeug nicht fangen darf. Fangen und Bringen darf er nur auf die Aufforderung: „Hol´s dir" bzw. „Apport". Hierzu ziehen wir das Spielzeug ruhig von dem Hund weg, er darf genauso ruhig hinterhergehen. Schnappt er sich das Spielzeug, gehen wir hin, nehmen es ruhig weg und sagen deutlich „Nein". Er lernt mit der Zeit: Hintergehen ist erlaubt, schnappen verboten. Am Anfang reicht es, wenn er sich 10 Sekunden zusammenreißen kann – dann ertönt das herbeiersehnte Signal, der Hund darf endlich rennen, packen und uns die „Beute" bringen. Je besser das funktioniert, desto schneller kann das Tempo variieren: Mal ziehen wir schnell, dann langsam – der Hund passt sich allen Geschwindigkeiten an und wartet auf unser Signal. Für so viel Konzentration und Ausdauer gibt es ein Leckerchen zum Dank und dann wird fröhlich gespielt!

EIN TIPP Wir können das Spiel „Lauern und auf Ansage Fangen" auch mit Pfeiftönen kombinieren. Ein langgezogener Triller kann zum Beispiel „Warte" bedeuten – ein kurzer kräftiger glatter Ton das „Zupacken" erlauben.

SCHULT: Impulskontrolle.
VERBESSERT: Reaktionsschnelligkeit.
SORGT FÜR: Auslastung von Hunden mit Jagdpassion.

2

3

4

4

DUFTSPUR VERFOLGEN

Am Seil wird ein Knochen befestigt, der durch das Haus, den Garten, Park oder Wald gezogen wird und dann gesucht werden soll.

❶ **SITZEN BLEIBEN.** Für dieses Spiel muss unser schlauer Hund schon gelernt haben, sitzen zu bleiben, wenn wir uns aus seinem Sichtfeld entfernen. Bei einem Zappelphilipp hilft ein Betreuer, der mit ihm wartet und aufpasst.

❷ **SPUR LEGEN.** Wir knoten einen leckeren Knochen an das Seilende. Besonders feinen Spürnasen oder Profis reicht auch die Duftnote von Zerrseil, Socke oder Dummy aus, um eine Spur lesen zu können. Jetzt schleifen wir das Fundstück hinter uns her über den Boden und entfernen uns vom Hund, bis wir nicht mehr zu sehen sind. Das erste Versteck sollte nicht weit weg und leicht zu finden sein, später können wir im Dickicht Haken schlagen, um mehrere Hausecken gehen und lange Distanzen zurücklegen.

❸ **WIEDERKOMMEN.** Wir kommen ohne Knochen oder Spielzeug zurück, warten einen Moment, der zum Spannungsaufbau dient. Dann schicken wir unseren Spurenleser mit „Such“ auf die Suche.

❹ **FINDERLOHN.** Zur Belohnung dürfen Knochen angekaut werden – und mit Spielzeugen wird natürlich ausgelassen getobt!

❺ **RÄUBER UND GENDARME.** Hat der Hund das Spiel bereits gut verstanden und es sind mehrere Personen (3 bis 4), können wir den Anspruch langsam erhöhen: Jetzt teilen wir uns in „Jäger“ und „Gejagte“ auf und gehen gemeinsam auf Spurensuche!

Und so geht's: Die „Gejagten“ zeigen dem Hund den leckeren Knochen und ziehen damit von dannen. Die „Jäger“ warten und nehmen nach einer vereinbarten Zeit die Verfolgung mit dem Hund auf. Besonders für Familien macht dieses Spiel viel Spaß und sorgt für ein tolles gemeinsames Erlebnis. Wie immer sollten die ersten Suchrunden schnell zum Erfolg führen und deshalb kurz gehalten werden. Später können die Touren länger und anspruchsvoller werden. Irgendwann kann der „Duftreiz“ verringert und damit der Anspruch an die Hundenase erhöht werden: der Knochen muss dann nicht mehr über den Boden geschleift werden, sondern wird in der Hand getragen.

EIN TIPP Für Spezialisten reicht irgendwann sogar der Geruch des geliebten Menschen aus. Wir brauchen dann gar keinen Knochen mehr, sondern belohnen mit einem fröhlichen Spiel am Fundort. Wem das immer noch nicht reicht und einen echten Suchprofi an der Leine führt, sollte unbedingt in Hundeschulen einen Mantrailing-Kurs besuchen!

SCHULT: Gedächtnis und Erinnerung.
VERBESSERT: Teamgefühl, Konzentrationsvermögen.
SORGT FÜR: gemeinsame Arbeitssequenzen voller Spaß und Spannung.

LUFTBALLON, FLIEG!

Von wegen Hunde sind keine guten Partygäste! Mit dem entsprechenden Ego und richtigen Trick können sie zum Star des Abends werden!

❶ **EGO EINSCHÄTZEN.** Bitte seien Sie ehrlich mit sich selbst: Eignet sich Ihr Hund wirklich zum Spiel mit dünnhäutigen Ballons, die leicht platzen und laut knallen? Der Schreck könnte manchen Hunden für lange Zeit die Lust auf neue Spielideen verderben ...

❷ **RICHTIGE REAKTION.** Falls das Dilemma passieren sollte, gilt die Devise: Immer fröhlich bleiben. Zum Beispiel „Hui" sagen und fröhlich weiterspielen. Schlecht wäre zum Beispiel, wenn Sie selbst in Schreckstarre verfallen, den Hund fixieren und auf seine Reaktion warten.

❸ **ZIEHEN ZEIGEN.** Wenn Ihr Hund Zerrspiele liebt, wird er dieses Kunststück schnell lernen. Wählen Sie anfangs – anders als auf dem Foto gezeigt – zunächst nur einen Ballon. Das flatternde Ding reicht als erster Reiz auch für hartgesottene Hunde. Nehmen sie das Ende des Seils in die Hand, animieren Sie ihn zum Greifen und laufen Sie mit ihm, als würden Sie sich um die Leine streiten. Sie können auch an das Ende sein Lieblingsspielzeug knoten und ihn zum Tragen auffordern, falls er das Signalwort schon kennt (siehe Apportierspiel „Fest", Seite 66). Irgendwann lassen Sie das Seil einfach los. Jetzt läuft er mit dem Ballon weiter. Rennen Sie ein Stück mit und zeigen Sie Ihre große Freude über diesen tollen Hund!

❹ **BALLONANZAHL ERHÖHEN.** Jetzt knoten Sie nach und nach immer mehr Ballons an das Zerrseil, spielen fröhlich weiter und gewöhnen ihn so über mehrere Tage hinweg an noch mehr Geflatter.

❺ **APPORT!** Nun hat sich der Hund an die flatternden Ballons gewöhnt. Wenn er schon apportieren kann (siehe Spiel 52), können Sie ihn bald aus der Distanz zum Holen schicken – damit wird er zum Supergratulanten auf jeder Geburtstagsfeier! Üben können wir mit „normalen" Luftballons, für noch mehr Effekt sorgen wir, wenn wir auf dem Geburtstag oder der Hochzeit mit Gas gefüllten Ballons auftauchen (siehe Bild 1 und 3)

EIN TIPP Einige wenige Hunde haben einen Riesenspaß daran, in die Ballons zu beißen und sie zerplatzen zu lassen. Generell rate ich vom Zerbeißen ab, denn erstens ist es nicht immer vorhersehbar, wie die Hunde auf den Knall reagieren – manche sind nachhaltig beeindruckt. Zweitens ist das laute Geräusch nicht so toll für die empfindlichen Hundeohren. Und drittens sollten die Hunde keine Gummifetzen aufsammeln, denn das Verschlucken kann lebensgefährlich sein!

SCHULT: feines Greifen und Ziehen.
VERBESSERT: Sorglosigkeit im Umgang mit flatternden Dingen.
SORGT FÜR: stressresistente, selbstsichere Hunde an unserer Seite.

1

3

3

4

SCHUBLADE AUFZIEHEN

Wird die Leine an einer Schublade angebracht, kann der Hund lernen, das Fach zu öffnen – darin liegt das liebste Zerrseil oder ein Leckerli.

2

❶ VORBEREITUNG. Knoten Sie das Seil an den Griff einer Schublade, die sich relativ leicht öffnen lässt. Legen Sie vor den Augen des Hundes sein Spielzeug in das Fach und schieben es zu. Dann ziehen Sie am Seil und fordern den Hund auf, das Spielzeug zu holen. Zur Belohnung wird schön gespielt!

❷ ERKENNTNISGEWINN. Nun bringen Sie das Spielzeug wieder in Ihren Besitz („Aus") und legen es wieder in die Schublade, die anschließend geschlossen wird. Jetzt animieren Sie den Hund mit dem Seil zum Zerrspiel. Ziehen Sie die Schublade wie nebenbei, halb durch seine Zugkraft, halb durch Ihre Hilfe, wieder auf. Spielen nicht vergessen!

❸ VARIATION. Jetzt nehmen Sie ein Leckerchen, legen es vor seinen Augen in die Schublade und schließen diese. Animieren Sie nun den Hund zum Ziehen, sagen Sie dabei deutlich „Zieh" und helfen Sie ein bisschen mit.

❹ HILFE AUSSCHLEICHEN. Langsam verringern Sie Ihren Einsatz und lassen den Hund irgendwann die Schublade selbst öffnen, um ans Ziel zu gelangen. Diese neue Spielidee kann herrlich in ein Zerrspiel eingebaut werden und so für noch mehr Abwechslung sorgen.

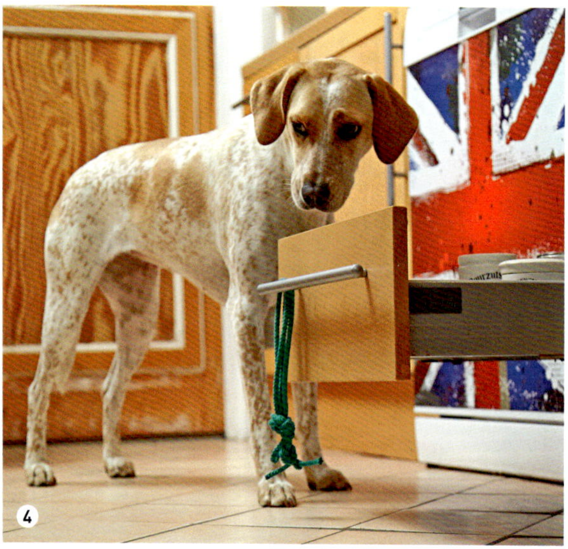
4

SCHULT: Problemlösungskompetenz.
VERBESSERT: Kreativität beim Versteckspiel.
SORGT FÜR: Etablierung eines neuen Signalwortes, das beim Tricktraining neue Schubladen – äh – Türen öffnet!

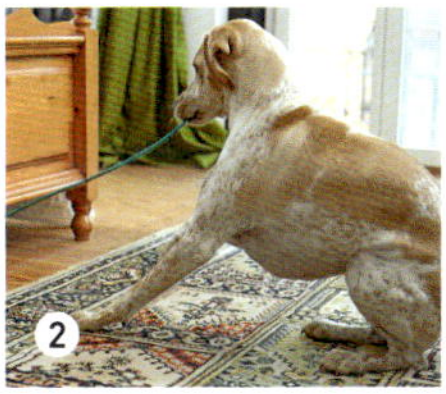

MITTEL ZUM ZWECK

Am Ende eines Seils ist ein Knochen festgebunden, der unter einem Schrank liegt. Jetzt muss der Hund am Seil ziehen, um an den Knochen zu gelangen.

❶ KNOCHEN ZEIGEN. Wir zeigen dem Hund den Knochen und werfen ihn dann unters Bett. Das Seil guckt am Fußende ein Stück weit hinaus. Am Anfang werfen wir den Knochen nicht zu weit – allerdings so weit, sodass der Hund den Knochen nicht mehr erwischen kann. Nun muss der Hund ein bisschen nachdenken, wie er an das leckere Futter kommen kann, kommt jedoch schnell zum Erfolg, wenn er die Lösung herausgefunden hat. Für gierige Genossen könnte der Knochen so aufregend sein, dass sie ihr Gehirn ausschalten und nur noch aufgeregt sind. Solche Hungermäuler motiviert man besser mit dem Lieblingsspielzeug als mit einem Knochen.

❷ ZIEHEN, NICHT SCHARREN. Viele Hunde werden versuchen, mithilfe der Pfoten nach dem Knochen zu „scharren". Das kommentieren wir mit einem neutralen „Nein" und motivieren ihn durch das bekannte Signalwort „Pull" oder „Zieh" (Seite 78) oder indem wir mit dem Seilende vor seiner Nase wedeln zum Ziehen.

❸ ERFOLGSERLEBNIS FESTIGEN. Zeigen Sie Geduld: Mit der Zeit wird der Hund das Seil als Mittel zum Zweck ergreifen. Am Anfang können Sie heimlich ein bisschen „nachhelfen" und den Knochen mit hervorziehen, sobald der Hund das Seilende gegriffen hat und daran zerrt. Lassen Sie ihn kurz knabbern und schieben die Leckerei dann wieder unters Bett. Weil jede richtige Aktion zum Erfolg führt, wird er irgendwann alles richtig machen.

❹ SPIELZEUGE VERSTECKEN. Die Liste an möglichen Objekten, die hervorgezogen werden können, ist lang – einfach alles, was Ihr Hund liebt und mit dem man anschließend herrlich spielen kann!

SCHULT: Konzentration auf die Aufgabe.
VERBESSERT: Feinmotorik.
SORGT FÜR: Problemlösekompetenz, viele neue Spielvariationen an unterschiedlichen Orten.

4

5

6

7

GASSI GEHEN!

Der Hund lernt, mit dem Seil im Maul ein Kuscheltier oder Auto durchs Haus, später durch den Garten oder Park zu ziehen.

❶ **GRUNDLAGE.** Der Hund muss vorher durch die anderen Spiele das Prinzip des „Aufhebens" („Pick up"/„Heb's auf", Spiel „Ball in die Kiste werfen", Seite 38) und des „Ziehens" („Pull"/„Zieh", Spiel „Schublade aufziehen", Seite 78) verstanden und mit den Signalwörtern verbunden haben.

❷ **SPIELZEUGWAHL.** Wir starten am besten mit einem Spielzeug, das lautlos ist, zum Beispiel ein Kuscheltier.

❸ **NEUGIER WECKEN.** Wir setzen den Hund ab und stellen das Kuscheltier mit Leine theatralisch ein Stück vor ihm auf den Boden. Das Seil drapieren wir auffällig daneben.

❹ **„HEB'S AUF".** Nach einem kurzen Spannungsaufbau ermuntern wir den Hund mit dem entsprechenden Hörzeichen, das Seil zu fassen – um ihn dann mit den Worten „Pull" oder „Zieh" das Tier ziehen zu lassen. Den wenigsten Hunden wird das auf Anhieb gelingen, deshalb können wir am Anfang ein kleines Zerrspiel integrieren: Ziehen und zerren Sie am Ende des Seils und motivieren Sie den Hund dadurch dazu, das Seil im Maul zu behalten und zu ziehen. Hält er es fest und läuft damit weiter, loben wir, klatschen in die Hände und rennen rückwärts vor ihm weg.

❺ **FESTIGEN.** Sobald das Aufheben und Ziehen auch nur ein bisschen klappt, zeigen wir unsere große Freude, bleiben schnell stehen und loben sofort mit Stimme und Leckerchen. Hier müssen wir besonders am Anfang sehr schnell positiv reagieren und nach einem Erfolgserlebnis das Spiel sofort beenden, damit der Hund sich nicht überfordert fühlt.

❻ **DISTANZ VERLÄNGERN.** Hat der Hund das Prinzip des Gassigehens verstanden, verlängern wir den Weg langsam zwischen uns, Hund und Kuscheltier und geben das Signal zum Aufheben und Ziehen aus der Entfernung. Sobald der Hund bei uns angekommen ist, bestätigen wir seine Aktion durch Leckerchen und große Begeisterung.

❼ **„GEH GASSI".** Wir laufen neben dem Hund her, sagen „Geh Gassi" und ersetzen dadurch nach und nach die beiden anderen Signalwörter. Je häufiger er es hört, umso schneller wird er es mit der Übung verbinden.

EIN TIPP Auch wenn Sie gern schnelle Fortschritte machen möchten: Üben Sie immer nur kurz – am Anfang ruhig albern und mit viel Spielerei (siehe Step 4) – denn so lernt der Hund mit Freude.

SCHULT: Spaß am Tricktraining.
VERBESSERT: Konzentrationsvermögen, Feinmotorik.
SORGT FÜR: Selbstbewusstsein durch den tosenden Applaus von Teegesellschaften und begeisterten Kindern.

WÖRTER LERNEN

Zuletzt können wir alle Spielzeuge kombinieren: Der Hund lernt, die einzelnen Dinge aufgrund ihres Namens auseinanderzuhalten und auf Signal zu bringen.

❶ VOKABELN PAUKEN. Benutzen Sie für jeden der Gegenstände einen eindeutigen Begriff und betonen Sie besonders die unterschiedlichen Vokale. Starten Sie mit zwei Dingen: zum Beispiel Socke und Ball. Legen Sie beides nebeneinander ein bis zwei Meter entfernt vor den Hund und schicken Sie ihn dann zum Holen: „Bring Socke!"

❷ RICHTIG UND FALSCH. Holt der Hund die Socke, dann freuen Sie sich und geben ihm ein Leckerli. Holt der Hund den Ball, sagen Sie „Schade" und legen ihn zurück. Wichtig: Üben Sie niemals lange und hören Sie auf, wenn der Hund eine Aufgabe richtig gelöst hat. Das Abschlusserlebnis sollte – wie immer – positiv sein, damit er nicht die Freude am Wörterlernen verliert.

❸ WÖRTER FESTIGEN. Spielen Sie das Bringspiel an den folgenden Tagen immer wieder. Langsam lernt der Hund hinzuhören und den richtigen Gegenstand zu bringen. Erst, wenn er keine Fehler mehr macht, können Sie ein neues Spielzeug einführen.

❹ WORTSCHATZ ERWEITERN. Legen Sie zu den zwei bekannten das neue Spielzeug dazu: das Zerrseil. Lassen Sie sich jetzt wieder erst die beiden vertrauten Gegenstände bringen. Schicken Sie ihn am Ende zum Seil mit „Bring Seil". Weil nur noch ein Gegenstand dort liegt, ist die Trefferquote 100 Prozent. So hat der Hund ein Erfolgserlebnis und wird im Lauf der nächsten Tage mit dem neuen Wort vertraut gemacht.

❺ NEUES WORT TESTEN. Nach mehreren Tagen des Übens können Sie jetzt die Reihenfolge ändern und fordern ihn an zweiter Stelle auf, das Seil zu bringen. Reagieren Sie auf richtig und falsch wie im zweiten Schritt beschrieben.

❻ ABITURPRÜFUNG. Manchen Hunden liegt das Wörterlernen im Blut, für andere ist es eine langweilige Angelegenheit. Nur wenn Sie einen sprachbegabten Hund haben, sollten Sie ihn mit weiteren Wörtern beglücken. Gehen Sie langsam und geduldig vor.

❼ WISSENSCHAFTLER WERDEN. Die Verhaltensforscherin Juliane Kaminski hat in einer Studie herausgefunden, dass Hunde wie der Border Collie-Rüde Rico neue Wörter nach dem Ausschlussprinzip lernen – ganz ähnlich wie Kleinkinder. Hat ein Hund das Prinzip des Vokabelpaukens einmal verinnerlicht, lernt er neue Wörter immer schneller. Dazu legen wir zwei vertraute Dinge vor ihn und ein fremdes Objekt. Dann bitten wir ihn, den fremden Gegenstand zu bringen. Nach dem Ausschlussprinzip wird er nicht die ihm bekannten Spielzeuge, sondern das neue wählen!

SCHULT: genaues Hinhören.
VERBESSERT: Wortschatz.
SORGT FÜR: Hunde, die genau hinhören und immer mehr Gegenständen Begriffe zuordnen können.

1

1

2

3

4

WARUM

LIEBEN WIR SPIELEN?

GLÜCK UND GUTE LAUNE

Wenn wir kleine Kinder oder unsere Hunde beim Spiel beobachten, müssen wir lachen. Warum eigentlich? Weil wir an das Gefühl erinnert werden, wie gut sich spielen anfühlt?

Hunde sind hier verlässliche Überträger von guter Laune und wenn wir klug sind, sollten wir uns von diesen wunderbaren Animateuren zu allerlei Albernheit anstiften lassen. Denn spielen fühlt sich noch viel besser an, wenn man mitmacht statt zuschaut! Ganz viel Lachen ist dabei garantiert – und das tut gut! Wissenschaftler haben herausgefunden, dass unser Gehirn beim Beobachten eines spielenden Bindungspartners wie Kind oder Hund das Glückshormon Oxytocin ausschüttet. Dieser Botenstoff kreist dann in unserer Blutbahn und sorgt dafür, dass wir uns gut fühlen, unser Körper beschwingt ist. Unter anderem deswegen gehen wir Hundehalter wahrscheinlich seltener zum Arzt. Hundehaltung macht uns also gesund und froh – aber sind im Umkehrschluss auch Hunde fröhlicher Menschen glücklicher?

EINE KLEINE HORMONKUNDE

Wenn Hunde viel spielen dürfen und in einer sicheren, stabilen Bindung leben, fühlen auch sie sich gut. Was wir viele Jahre lang nur vermuten konnten, lässt sich heute mittels Urin-, Blut- und Speichelproben nachweisen: Genau wie bei uns Menschen werden auch im Hundegehirn bei positiven Interaktionen mit Beziehungspartnern die gleichen Botenstoffe in die Blutbahn ausgeschüttet, die entsprechende Emotionen auslösen. Neben dem Glücks- und Bindungshormon Oxytocin sind das beim Spielen vor allen Dingen Endorphin und Dopamin. Sie können viele gute, aber auch ein paar bedenkliche Effekte haben:

DOPAMIN wird auch als „Lerndroge" bezeichnet, denn es ist der beste Selbstbelohnungsbotenstoff, den wir kennen. In einem Erfolgsmoment des Lernens wird Dopamin ausgeschüttet, der Hund fühlt sich so gut, dass er dieses Gefühl bald wieder erleben möchte – und weiter gerne mit uns mitarbeitet. Genauso gut fühlt er sich aber auch beim erfolgreichen Hetzen und Fangen des Balls oder Hasen nach dem gestreckten Lauf – ein Grund, warum es so viele Balljunkies und passionierte Jäger gibt, die kein Interesse mehr an Menschen und Hunden haben. Bei ihnen wurde das Bällejagen oder Knacken im Gebüsch zum Auslöser für die Jagd nach dem Dopaminkick, der so zum zwanghaften Lebensinhalt geworden ist. Genauso gefährdet ist der Malinois oder Terrier, wenn wir ständig unkontrollierte Zerrspiele mit ihnen spielen – dann wird das „Totschütteln" und „Zerren" zum Auslöser für die Dopaminausschüttung, der Hund gerät in einen ähnlichen Rauschzustand. Mit Dopamin müssen wir also vorsichtig umgehen, damit es den gewünschten Lerneffekt im Spiel entfalten kann.

ENDORPHINE sind Glücksbotenstoffe, die uns bei fröhlichem Kontakt mit vertrauten Bindungspartnern in einen „Alles-ist-wunderbar"-Rauschzustand versetzen, den wir immer wieder gerne haben möchten und deshalb die gegenseitige Nähe suchen. Fröhliche Interaktionen beim Spiel oder Kuscheln mit unserem Hund kann es also kaum genug geben!

OXYTOCIN wird nur ausgeschüttet, wenn wir mit Wesen nahe sind, denen wir tief vertrauen und deren Gegenwart wir lieben – es ist das „Wir-gehören-zusammen"-Bindungshormon, das in allen guten Bindungen aber besonders bei der mütterlichen Brutpflege eine große Rolle spielt. Oxytocin ist ein wichtiger Gegenspieler des Stresshormons Cortisol, ein Grund, warum uns enge Bindungspartner nach stressigen Situationen am besten beruhigen können.

OHNE DRUCK

Schönes Spiel steckt also voller toller Nebenwirkungen: Lernprozesse werden befeuert, die Bindung gestärkt und unser Wohlbefinden gesteigert. Ein Wunder, warum immer noch so viele Menschen bei ihrem Bestreben nach Bindung zum Hund auf Konditionierung durch Leckerlis statt auf Spielen setzen.

Doch leider wird Spiel häufig instrumentalisiert, um Hunde zu reglementieren oder Leistung zu schnell zu erbringen. So angewandt kippt Spiel in Stress: Wenn wir es ausschließlich mit dem Ziel des Lernens einsetzen, dann fallen all die positiven Wirkungen schnell weg und statt Oxytocin tummelt sich vermehrt Cortisol in der Blutbahn. Das oberste Gebot jeglicher Spieleinheit, in der Fähigkeiten verbessert werden sollen, lautet also: Es soll immer wie nebenbei und ohne Druck stattfinden. Deshalb starten wir niemals in ein Spiel mit einer konkreten Erwartungshaltung; wenn sich ein Lerneffekt ergibt, dann geschieht dies immer „beiläufig" und vor allen Dingen mit sehr viel Spaß.

HERAUSFORDERUNGEN MEISTERN

Das bedeutet nicht, dass die neue Spielstufe keine Herausforderung sein darf; an Herausforderungen können wir über uns hinauswachsen und das kann unser Selbstbewusstsein und unsere Problemlösefähigkeit erhöhen. Im nächsten Schritt ist der Hund dann fähig, noch ganz neue Sphären der Erkenntnis und des Könnens zu erreichen.
Viele Spiele in diesem Buch bauen deshalb darauf auf, dass im Gehirn Stoffe freigesetzt werden, die Selbstkontrolle und Konzentrationsfähigkeit verbessern helfen. Ein Stopp-Signal im Rahmen eines Spiels erzeugt leichten Stress, der das Tier besonders zu Beginn des Übens etwas verunsichert. Doch sobald der Hund richtig reagiert, geht das Spiel nach kurzer Anspannung weiter – dadurch steigt der Dopamingehalt im Blut und das neu Gelernte kann schnell gefestigt werden. Ein solcher Hund an unserer Seite ist nicht nur ein glücklicher, sondern ein selbstbewusster und kontrollierter Hund. Denn genau wie bei uns Menschen sorgt ein „Viel-Können" und viel Anerkennung durch unsere Beziehungspartner dafür, dass wir zu ausgeglichenen Zeitgenossen werden, die sich nicht so schnell aus der Ruhe bringen lassen.

FREIHEIT VERSUS ARBEIT?

Hunde sind Teamarbeiter, die sich über Aufgaben und einen Lehrplan freuen. Zusammen mit Spaß etwas erleben, leben, lieben und arbeiten – das ist es, was Hunde wollen und was leider die wenigsten bekommen. Viele werden gehalten mit dem guten Willen ihrer Halter, ihnen maximale Freiheit zu gewähren, sie tun zu lassen, was sie wollen.
Leider zeigen sich diese Hunde wenig dankbar für so viel Freiheit; sie entwickeln nicht selten Verhaltensprobleme, suchen sich Beschäftigungen aus, die meistens zu großen Problemen führen. In der Folge haben wir Hunde, die von überforderten Menschen ins Tierheim gebracht werden oder lebenslang ihre Menschen an strammen Leinen durch die Gegend ziehen.

MOTIVIERTE MITARBEITER

Glückliche Hunde sehen anders aus; man sieht sie häufig auf Flughäfen bei der Kofferkontrolle: Hektisch schnüffeln sie die Gepäckstücke ab, der ganze Hund ist in Bewegung, freut sich, wirkt hoch motiviert und fleißig. Von Druck und Arbeitsmüdigkeit keine Spur. Das gleiche Bild sehen wir bei der Vermisstensuche in Rettungshundestaffeln, beim Einsatz von Suchhunden nach einem Erdbeben, wenn dem Blindenführhund sein Geschirr umgelegt oder der Assistenzhund seinem körperlich eingeschränkten Besitzer das klingelnde Telefon bringt: Überall das Bild fröhlich wedelnder Hunde, die eindeutig Spaß an ihrer Aufgabe haben.

Natürlich brauchen diese Hunde Pausen, in denen sie Hund und albern sein dürfen. Aber fröhlich sein und etwas leisten scheint für Hunde kein Wiederspruch zu sein. Im Gegenteil: Hunde lieben es, wenn sie eine Arbeit bekommen und dabei Spaß haben dürfen. Genau darauf baut jede erfolgreiche Hundeausbildung auf.
Da die meisten Hunde ohne gesellschaftlichen Auftrag bei uns leben (außer unser Leben zu bereichern) soll dieses Buch dabei helfen, auch ihr Leben zu bereichern und sie zu gut ausgebildeten, fröhlichen und selbstbewussten Hunden zu machen. Geben wir ihnen ein bisschen was von dem geschenkten Glück zurück und stecken sie mit unserer Spielbegeisterung an!

SERVICE

DAS KÖNNTE SIE AUCH INTERESSIEREN

ZUM WEITERLESEN

Bruns, Sandra und Annett Seidensticker: **GASSI-TRAINING**. Erziehung und Spiele für unterwegs. Kosmos 2015

Gansloßer, Udo und Kate Kitchenham: **BEZIEHUNG – ERZIEHUNG – BINDUNG**. Forschung im Dienst des Mensch-Hund-Teams. Kosmos 2015

Gansloßer, Udo und Kate Kitchenham: **FORSCHUNG TRIFFT HUND**. Neue Erkenntnisse zu Sozialverhalten, geistigen Leistungen und Ökologie. Kosmos 2011

Grewe, Michael: **HOFFNUNG AUF FREUNDSCHAFT**. Das erste Jahr des Hundes. Kosmos 2012

Grunow, Alexandra und Rovena Langkau: **MANTRAILING**. Mit Basic-, Sport- und Thera-Trailing. Kosmos 2011

Käufer, Mechtild: **SPIELVERHALTEN BEI HUNDEN**. Spielformen und -typen. Kommunikation und Körpersprache. Kosmos 2011

Kitchenham, Kate: **HUNDEGLÜCK**. Gut versorgt, gut erzogen, beste Freunde. Kosmos 2013

Kitchenham, Kate: **WISSEN HUNDE, DASS SIE HUNDE SIND?** Wie Hunde denken und fühlen. Kosmos 2014

Klüglich-Hinrichs, Alina und Sibylle Ströbele: **HUNDESACHEN EINFACH SELBER MACHEN.** Die schönsten Ideen aus Stoff und Holz. Kosmos 2015

Rauth-Widmann, Brigitte: **DIE SINNE DES HUNDES**. Wie Hunde ihre Welt wahrnehmen. Kosmos 2014

NÜTZLICHE LINKS UND DANK

www.spass-mit-hund.de/spielefieber/
Wer noch nicht genug hat, findet auf dieser Site viele weitere Spielideen

www.dogityourself.com/
Lust auf Selbstbasteln, Tricks und tolle Spiele? Hier wird jeder fündig!

www.kitchenham.de
Sie wollen mehr über die Autorin erfahren? Schauen Sie doch mal hier!

www.treusinn.com
Sie wollen auch ein Spiely? Bei Treusinn kann man sie bestellen.

DANK Ich richte diese Danksagung zum einen an alle Menschen, die mir den Rücken freihalten: das ist besonders meine wirklich sehr geduldige Familie, die nicht nur alles erschreckend gut ohne mich wuppt, wenn ich auf Dreharbeiten unterwegs bin, sondern auch noch erträgt, dass ich abends oft zum Schreiben verschwinde. Doch der Alltag würde nur halb so gut gelingen, wenn meine Mutter nicht immer wieder zum Bügeln und Kochen kommen würde und Manfred und Christina nicht regelmäßig die weite Anfahrt in Kauf nehmen würden, um uns mit Kartoffelpuffern zu versorgen. Dank gilt auch meiner Nachbarin und Freundin Christine, die immer wieder den Hundesitter spielt, falls ich hundelos unterwegs sein muss. Zum anderen wäre all das natürlich niemals geschrieben worden ohne viele tolle Hundepersönlichkeiten, die mich durch mein Leben bereichernd begleiten. Ohne Hunde an meiner Seite wäre vieles nicht so wunderbar, wie es heute ist: Maxi, Bloke, Clara, Rupert, Lonni, Lilly, Erna & Knox! Heiner danke ich wieder einmal für seine großartige Fotokunst und die tolle Zusammenarbeit. Und dann sind da natürlich meine wunderbaren vier- und zweibeinigen Models! Ein großer Dank geht an Euch, liebe Ulli & Pauli; Martina & Molly; Suze & Gloria; Sandra & Bones; Anke mit Rico & Tinta; Silke & Toddi und an die liebe Rosi, der ihr süßes Beagle-Mädchen Bailey leider durch einen tragischen Tod genommen wurde. Wir werden diese fröhliche, freche kleine Persönlichkeit nie vergessen!

Kate Kitchenham

DIE AKTEURE

KATE KITCHENHAM hat in Hamburg Kulturanthropologie und Zoologie mit dem Schwerpunkt Verhaltensforschung studiert und mit der Arbeit „Lebensbegleiter Hund. Motivation zur Hundehaltung in der Stadt" abgeschlossen. Sie hat sieben Fachbücher zum Thema Hund veröffentlicht und schreibt als Wissenschaftsjournalistin für Fachzeitschriften zu den Themen Verhalten, Erziehung, Rassen und Medizin. In Buchhandlungen und Hundeschulen aus ganz Deutschland hält sie regelmäßig Fachvorträge rund um den Hund, für das ZDF moderiert sie seit Sommer 2013 die Sendung „Der Haustier-Check" und ist auch in anderen Sendungen zum Thema Tier zu sehen. Kate Kitchenham lebt mit ihrer Familie, Hündin „Erna" und Rüde „Knox" in Lüneburg.

HEINER ORTH arbeitet als Fotograf für namhafte internationale Magazine wie „Schöner Wohnen", „Häuser", „Architektur und Wohnen", „House & Garden" und viele andere. Auch Hunde setzt er außergewöhnlich in Szene und begeistert damit nicht nur die Leserschaft von Dogs. Für dieses Buch hat er bei Kate Kitchenham in Lüneburg fotografiert und transportiert mit seinen Fotos die ungebändigte Freude am Spiel. Heiner Orth lebt bei Hamburg und hält selbst Hunde.

REGISTER

BILDNACHWEIS

175 Farbfotos wurden von Heiner Orth für dieses Buch aufgenommen.
Weitere Farbfotos von Claudia Hettwer (1; S. 93 l.) und Karin Gerdes (1; S. 93 r.).

IMPRESSUM

Umschlaggestaltung von GRAMISCI Editorialdesign unter Verwendung von 12 Farbfotos von Heiner Orth (Umschlag und Klappen).

Mit 177 Farbfotos.

Alle Angaben in diesem Buch erfolgen nach bestem Wissen und Gewissen. Sorgfalt bei der Umsetzung ist indes dennoch geboten. Der Verlag und die Autorin übernehmen keinerlei Haftung für Personen-, Sach- oder Vermögensschäden, die aus der Anwendung der vorgestellten Materialien, Methoden oder Informationen entstehen könnten.

Unser gesamtes Programm finden Sie unter **kosmos.de.**
Über Neuigkeiten informieren Sie regelmäßig unsere
Newsletter, einfach anmelden unter **kosmos.de/newsletter**

Gedruckt auf chlorfrei gebleichtem Papier

ISBN 978-3-440-14681-1
Redaktion: Alice Rieger
Gestaltungskonzept: GRAMISCI Editorialdesign
Gestaltung und Satz: Atelier Krohmer, Dettingen/Erms
Produktion: Eva Schmidt
Printed in Germany / Imprimé en Allemagne

FSC
www.fsc.org
MIX
Papier aus verantwortungsvollen Quellen
FSC® C110508